U0556002

云计算与大数据应用研究

穆倩倩 著

燕山大学出版社

·秦皇岛·

图书在版编目（CIP）数据

云计算与大数据应用研究 / 穆倩倩著. -- 秦皇岛：
燕山大学出版社，2025. 1. -- ISBN 978-7-5761-0720-3

Ⅰ．TP393.027；TP274

中国国家版本馆 CIP 数据核字第 2025XG3051 号

云计算与大数据应用研究
YUNJISUAN YU DASHUJU YINGYONG YANJIU
穆倩倩 著

出 版 人：陈　玉			
责任编辑：金天颖		封面设计：郜娇建	
责任印制：吴　波		电　　话：0335-8387555	
出版发行：燕山大学出版社		邮政编码：066004	
地　　址：河北省秦皇岛市河北大街西段 438 号		经　　销：全国新华书店	
印　　刷：秦皇岛墨缘彩印有限公司			

开　本：710 mm×1000 mm　　1/16		印　张：17	
版　次：2025 年 1 月第 1 版		印　次：2025 年 1 月第 1 次印刷	
书　号：ISBN 978-7-5761-0720-3		字　数：276 千字	
定　价：85.00 元			

自 序

在这个信息大爆炸、革命性技术层出不穷的时代，云计算与大数据已经无可争议地成为驱动人类社会数字化发展的两个轮子。在这个全新的数据驱动的时代，我们每个人既是信息的创造者，又是其消费者。

云计算与大数据，这两个曾经在普通人看来遥不可及的计算机术语，如今已经渗透到社会的每一个角落。他们不仅重塑了我们的工作方式和生活习惯，更在科学研究、商业决策乃至国家治理中扮演着越来越重要的角色。

作为长期致力于云计算与大数据领域的研究者，能够有机会将我的研究成果和见解集结成册，呈现给广大读者，我深感荣幸！这便是《云计算与大数据应用研究》一书成书的初衷。

本书的研究价值与创新之处有以下几点：

1. 跨学科的视角

本书的一个显著特色在于其不仅仅专注于某一学科领域，而是在深入研究计算机技术的同时，还尝试从商业、法律、伦理等多学科多维度，全面解析云计算与大数据的综合价值及其深远影响。这种跨学科的研究视角，有助于读者获得更全面和深入的理解。

本书深入探讨了云计算与大数据如何与经济学、社会学、心理学等学科交叉融合，以及这种融合如何促进新理论的产生和新技术的应用，从而推动社会发展。

2. 实证研究的深度

在深入探讨云计算与大数据的融合趋势、市场分析、安全隐私等议题时，本书大量引入了实证案例分析。这些案例来源于全球范围内一些领先企业的创新实践，不仅代表了云计算与大数据技术的前沿应用，更是行业转型升级的真实写照。

通过对这些案例的深入剖析，本书试图揭示云计算与大数据如何帮助企业实现数字化转型，如何推动行业创新，以及他们在解决现实问题中所展现的巨大力量。这为企业管理者、技术从业者及相关政策制定者提供了重要参考。

3. 前瞻性的研究

本书在技术发展的前沿趋势以及教育与研究的未来发展等章节中，提出了一系列基于对当前技术发展脉络的深入分析和对未来社会需求预测的前瞻性见解。

本书不仅关注了云计算与大数据技术本身的进步，还关注了这些技术如何与人工智能、物联网、5G 通信等新兴技术相结合，共同推动社会进入智能化、网络化的新阶段。

4. 策略性建议的实用性

在结论与建议部分，本书提出了一系列战略性建议。这些建议不仅考虑了技术的可行性，还兼顾了市场的接受度和法律的合规性。希望通过这些建议，能够为政府决策者、企业管理者以及技术从业者提供实用的指导和参考，帮助他们在云计算与大数据的浪潮中精准把握机遇，有效应对挑战。

在撰写本书的过程中，我时刻提醒自己，要尽可能地将复杂的技术概念以简洁明了的方式呈现给读者，同时确保内容的严谨性和专业深度。这是一个挑战，也是一次宝贵的学习经历。

在这个过程中，我不断回顾和总结自己多年的研究成果，同时不断吸收新的知识和信息，以确保本书内容的时效性和前瞻性。

希望通过这本书，能够激发更多人对云计算与大数据领域的兴趣，促进知识的传播与思想的交流。愿本书能够成为读者在探索云计算与大数据世界的一盏明灯，引导他们走向更深入的理解和应用。

前　言

　　《云计算与大数据应用研究》是一本深入探讨云计算与大数据技术前沿发展、技术创新、应用前景的著作。本书不仅系统分析了云计算技术，如混合云、边缘计算、人工智能集成等的创新方向，还详细阐述了大数据技术在数据存储与处理、实时数据分析、数据隐私保护等方面的突破。同时，书中通过大量实践案例，展示了云计算与大数据技术在企业运营、教育、医疗、公共服务等领域的应用，揭示了其在提高工作效率、促进业务创新、改善公共服务等方面的巨大潜力。

　　本书还讨论了新一代信息技术对社会结构、工作方式和生活方式带来的深刻变革，包括失业、数字鸿沟和道德伦理等潜在社会问题，并提出了相应的应对策略和建议。另外，本书强调了云计算和大数据技术在推动个性化学习、教育质量评估方面的重要性，并提出了培养适应未来技术需求的人才的策略。

　　最后，本书对云计算与大数据技术的未来发展进行了展望，提出了技术创新、人才培养、政策制定等多方面的策略性建议，旨在促进云计算与大数据技术的健康发展，为构建智能、高效、可持续的未来社会提供理论支持和实践指导。

　　简而言之，《云计算与大数据应用研究》是一本既具有学术价值又富有实践意义的著作，为读者提供了关于云计算与大数据技术的全面而深入的认识和理解。

　　笔者任职于贵州师范学院，本书在总结多年教学经验与理论研究基础上撰写完成。在本书撰写过程中，笔者阅读了国内外大量优秀学者的著作和论文，并参考了其中部分内容，在此向他们表达最诚挚的谢意。

　　由于笔者水平有限，书中难免存在不足之处，敬请读者批评指正。

　　本书的出版获得 2025 年贵州师范学院科学研究基金项目（项目编号：2025GCC014，项目名称：semi-Markov 切换拓扑下多智能体系统自适应协同控制研究）的资助，特此致谢。

目 录

第 1 章 绪 论

第 2 章 云计算技术基础

第 3 章　大数据技术概述

第 4 章　云计算与大数据的集成应用

第 5 章　云计算与大数据的创新应用案例

第 6 章　云计算与大数据的市场分析

第 7 章　云计算与大数据的安全与隐私

第 8 章　云计算与大数据的法律与伦理问题

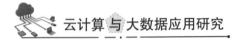
第 9 章　云计算与大数据的未来展望

第 10 章　云计算与大数据的可持续发展

第 11 章　云计算与大数据的标准化与认证

第 12 章 云计算与大数据的跨界融合与创新

第 13 章 结论与建议

第1章 绪 论

本章作为全书的开篇,介绍了云计算与大数据的基本概念,阐述了它们在现代社会中的融合趋势及其对产业变革的巨大影响。首先,阐述了云计算和大数据的定义,并探讨了它们各自的特征。随后,分析了技术融合的背景、动因以及当前的发展现状,展示了云计算与大数据是如何推动社会进步和产业创新的。

1.1 云计算与大数据的基本概念

本节概要

本节详细解释了云计算和大数据的基础概念。云计算被描述为通过网络技术实现的计算资源的优化配置，具有超大规模、虚拟化、高可靠性和高可扩展性等特点。大数据则以其 4V 特征——Volume（规模性）、Velocity（高速性）、Variety（多样性）和 Veracity（真实性），突出了其在数据量、处理速度、数据类型和准确性方面的显著特点。

1.1.1 云计算的定义、特点及其分类

在数字化时代的浪潮下，云计算这一技术深深地影响着我们生活与工作的方方面面，成为各行各业变革的强力助推器。

那么，究竟什么是云计算呢？接下来，让我们一同深入探索云计算的定义及其特点。

1.1.1.1 云计算的定义

云计算，从字面上看，似乎有些抽象，但其实它的核心概念非常直观。简单来说，云计算就是通过网络技术，将原本需要在本地进行的大量复杂计算任务拆分成许多小部分，然后交给一个由大量服务器组成的远程计算集群进行处理。这个计算集群在完成计算任务后，会通过网络迅速将结果反馈给用户。这样的处理模式不仅极大地提升了计算效率和响应速度，更重要的是大大地降低了用户对大量本地硬件资源的依赖，从而降低了基础设施和运营维护的成本。

1.1.1.2 云计算的四个特点

为了更加清晰地理解云计算，我们不妨深入了解一下它的四个最显著的特点。

1. 超大规模：云计算的服务能力之所以强大，很大程度上得益于其背后庞大的服务器集群。这些服务器的数量往往达到数十万，甚至上百万台，共同组成一个强大的计算网络。这种规模效应不仅使得云计算能够轻松应对海量数据的处理需求，还能保证服务的高可用性和稳定性。例如，全球知名的云服务提供商亚马逊云科技（Amazon Web Services, AWS），就是通过其遍布全球的庞大服务器集群，为众多企业提供了稳定、高效的云计算服务。

2. 虚拟化：在云计算中，云计算平台通过虚拟化技术将物理硬件资源抽象成一个巨大的、可动态调配的计算资源池。用户无需关心具体的计算资源是如何分配的，也无需了解底层的硬件细节，只需按需使用计算资源，而不必担心硬件的购买、维护和升级问题。

3. 高可靠性：云计算平台通常采用数据冗余和分布式存储技术，为用户数据的安全性和完整性构建了一道坚不可摧的防护墙。这意味着用户的数据会在多台服务器上同时进行备份，形成多重防护。即使某台服务器发生故障，也能迅速从其他服务器上恢复数据，从而大大降低了数据丢失的风险。这就像是把你的重要文件不仅保存在自家的保险箱里，还在银行的多个金库中备份。即使家里发生火灾或盗窃，你的文件依然安然无恙。

4. 通用性和高可扩展性：云计算平台能够提供标准化的服务接口，以满足不同类型用户多样化的需求。无论是个人用户还是大型企业，都可以根据自身的实际需要灵活调整计算资源的配置。同时，随着业务的发展和需求的增长，云计算平台也能够轻松扩展，为用户提供更多的计算能力和存储空间。

总之，云计算以其独特的优势，正在逐渐改变我们的工作和生活方式。它将复杂的计算任务变得简单高效，使数据的安全性和可靠性得到了极大的提升。

1.1.1.3 云计算的分类

在未来，随着技术的不断进步和应用场景的不断拓展，云计算必将发挥更加重要的作用，成为推动社会发展的重要力量。

从分类来看，云计算主要分为三类。第一类是基础设施即服务（Infrastructure as a Service, IaaS），它为用户提供计算、存储、网络等基础设施资源，比如阿里云提供的云服务器等。第二类是平台即服务（Platform as a Service, PaaS），为开发者提供了一个平台来开发、运行和管理应用程序，微软的 Azure——基于云计算的操作系统，就是一个典型的例子。第三是软件即服务（Software as a Service, SaaS），用户直接使用供应商提供的软件应用，如 Salesforce——创建于 1999 年的软件服务提供商提供客户关系管理系统。

根据服务对象和提供方式的不同，云计算可以分为以下三种类型：公有云、私有云和混合云。

公有云就像是一个开放的资源集市。它由专业的云服务提供商精心构建并高效运营，向广大用户提供服务。例如，阿里云、腾讯云等就是典型的公有云服务提供商，它们拥有庞大的计算资源和完善的服务体系，可以为各种类型的用户提供量身定制的服务。无论是企业还是个人，都可以按需租用其计算、存储和网络等资源。公有云的优势在于其高度的经济性、扩展性和灵活性。例如，一些中小微企业可能没有足够的资金和技术来搭建自己的基础设施，公有云可以为它们提供一个便捷且经济的解决方案。总之，公有云适用于那些对成本敏感、业务量波动较大且对技术要求不高的场景。

私有云则如同一个专属的城堡。它是专门为某一特定企业或组织构建的，位于企业内部的数据中心。私有云能够给予企业对数据和系统的高度控制权和安全性。像金融、医疗等一些对数据安全和合规性要求极为严格的行业，私有云是它们的首选。企业可以根据自身的需求进行定制化的配置和管理，确保数据的保密性和完整性。

混合云结合了公有云和私有云的优势，形成了一种灵活多变的架构。在混合云中，企业可以根据不同的业务需求，将部分业务放在公有云上，以利用其弹性和成本优势；同时将关键业务放在私有云上，以保证安全性和稳定性。例如，企业在业务高峰期可以借助公有云的资源来应对流量压力，而在平时则主要依靠私有云进行日常运营。混合云适用于那些业务复杂、需求多样化且希望在安全性和灵活性之间取得平衡的企业。

比较云计算的三种类型，公有云带来了便捷与经济，私有云确保了安全与控制，混合云则实现了灵活的融合与平衡。在选择云计算模式时，企业需要综合考虑自身的业务特点、技术能力、预算和战略规划等因素，以找到最适合自己的那朵"云"，助力企业在数字化时代腾飞。

总之，云计算作为一种创新的计算模式，正在以前所未有的姿态引领我们走向更加高效、便捷和智能的未来。它不仅是技术的进步，更是思维的革新。它让计算资源如水电一般易得，使每一个渴望创新和发展的个人和企业，都能在这片智慧的云海中自由航行。

通过理解和运用云计算，我们不仅能够提升自身的效率和竞争力，更能够在信息时代的大潮中乘风破浪，驶向更遥远的未来。

1.1.2 大数据的定义、4V 特征及价值

在现代社会中，大数据已经像空气一样无处不在。它不仅改变了我们的生活方式，也深刻影响了各个行业的发展。大数据是指那些数据量巨大、种类繁多、生成速度快且具有潜在高价值的数据集合。

1.1.2.1 大数据的定义

大数据不仅仅是"大"的数据，更是一种能够帮助我们从海量信息中提取有用见解的技术。想象一下，我们每天通过手机、电脑等智能设备产生的所有信息，这些杂乱无章的信息汇集在一起，经过一系列归类和整合，就形成了所谓的大数据。大数据不仅体现在数据量上，更体现在其多样性和复杂性上。比如你每天在社交媒体上发布的照片、视频、评论，购买商品的记录，甚至是你的地理位置和健康数据，所有这些零散的信息加起来，就形成了一个巨大的数据网络。通过分析这些数据，企业可以了解你的兴趣和习惯，从而根据你的偏好绘制画像，为你提供更加个性化的服务。

1.1.2.2 大数据的 4V 特征

大数据的特征可以用 4V 来概括：Volume（规模性）、Velocity（高速性）、Variety（多样性）和 Veracity（真实性）。

1.Volume（规模性）：大数据的第一个特征是数据量巨大。各行各业、各个渠道每天都在生成海量的数据，这些数据的规模远超传统的数据处理工具所能处理的范围。每天，全世界数以亿计的互联网用户在互联网上发布信息、拍摄照片和视频，这些数据汇集起来的总量是难以想象的，正如一滴滴的水滴，汇聚起来就形成了浩瀚的海洋。

2.Velocity（高速性）：大数据的第二个特征是数据的生成和处理速度极快。现代社会的信息更新速度迅猛，数据处理系统必须能够快速响应和处理。在金融市场中，股票价格时时刻刻都在变化。高频交易系统需要在毫秒级别内处理和分析这些数据，以便抓住稍纵即逝的交易机会。这就像短跑运动员在比赛中必须以最快的速度冲向终点。

3.Variety（多样性）：大数据的第三个特征是数据类型多样。这些数据不仅来自结构化的数据库，还包括文本、图像、视频、音频等各种形式的非结构化数据。例如，一个新闻网站不仅有文字报道，还有图片、视频、用户评论和社交媒体分享。这些不同形式的数据共同构成了完整的信息图景，就像是拼图中散乱分布的碎片，只有拼凑在一起，才能看到全貌。

4.Veracity（真实性）：大数据的第四个特征是数据的真实性和可靠性。由于数据来源复杂多样，难免会包含错误或不准确的信息，因此甄别并确保数据的真实性至关重要。例如，在医疗领域，医生需要依赖病人的健康数据来做出诊断和治疗决策。如果数据不准确，就可能导致错误的诊断。就像一个指南针，如果指向错误的方向，旅人将迷失在茫茫荒野中。

1.1.2.3 大数据的价值

大数据的价值不仅在于其庞大的数据量，更在于通过深度分析和挖掘，能够为各行各业提供新的视角、科学的决策。具体价值可以体现在以下四个方面。

1. 显著提升决策水平：大数据可以通过分析大量信息，为决策者提供科学依据，帮助组织做出更明智的决策。例如，零售企业通过分析顾客的购买记录，可以准确预测哪些商品会热销，从而优化库存和供应链管理。这就像是一位经验丰富的渔夫，通过观察水流和鱼群的动向，能够判断出最佳的捕鱼地点。

2. 促进创新：大数据为产品和服务的创新提供了新的思路和方法。通过对用户数据的深入分析，可以发现新的市场需求和创新机会。例如，科技公司通过分析用户的使用行为和反馈，开发出更符合用户需求的新功能和产品。这就像是一位巧匠，通过观察和聆听客户的需求，打造出符合客户内心渴望的完美艺术品。

3. 提高运营效率：大数据可以帮助企业优化运营流程，提高效率，降低成本。

例如，制造业通过实时监控生产设备的数据，及时发现和解决问题，避免生产停滞和资源浪费，从而提高运营效率。这就像是一台高效的机器，每个齿轮都精确运转，整个系统顺畅无阻。

4.推动社会进步：大数据在公共管理和社会服务领域也发挥着重要作用。通过对社会经济数据的分析，可以优化公共政策，提高公共服务水平。例如，政府通过分析交通数据，优化公共交通系统，减少交通拥堵，提高市民的出行效率。这就像是一位城市规划师，通过精心设计和布局，让城市变得更加宜居和高效。

有人说："数据是新的石油，但只有经过精炼的数据，才能释放其真正的价值。"大数据就像是信息时代的智慧之眼，通过其海量的数据、飞快的速度、多样的形式，揭示了这个世界隐藏在数字背后的真相和趋势。大数据的价值无疑是不可估量的，正等待着我们去发现和挖掘。

1.2 云计算与大数据的融合趋势

本节概要

本节探讨了云计算与大数据技术融合的背景和动因，以及这一趋势对产业发展的影响。技术融合被视为应对数据量激增和提高成本效益的必然选择。同时，分析了技术创新是如何促进新应用和解决方案产生的，以及当前市场对这一融合趋势的接受程度和面临的挑战。

1.2.1 技术融合的背景、动因与现状

1.2.1.1 技术融合的背景

云计算与大数据技术的深度融合，根植于信息技术的迅猛发展和数据规模的爆炸性扩张的背景之下。近年来，随着互联网、物联网以及各种智能移动设备的

广泛普及，数据产生的速度和规模均达到了前所未有的高度。想象一下，每当我们浏览网页、使用社交媒体、进行在线购物，甚至是每一次简单地点击和滑动，都会不断生成新的数据。

这种数据量的爆发式增长，对传统的数据处理和存储方式提出了巨大的挑战。而云计算技术的崛起恰好提供了解决方案。云计算不仅提供了几乎无限的存储空间，还具备强大的数据处理和分析能力。它构建了一个灵活、可扩展的计算环境，使得海量数据的存储、处理与分析成为可能。

以电影制作为例，现代电影制作过程中会产生大量的高清，甚至 4K、8K 的视频素材。对于电影导演来说，如何高效、安全地存储和管理这些素材成为一个重要的问题。传统的本地存储设备不仅容量有限，而且成本高昂，难以满足大数据量的存储需求。通过云计算技术，电影导演可以轻松地将这些高质量视频素材上传到云端，享受几乎无限的存储空间，并可以随时随地进行素材的编辑、分析和共享，从而极大地提高了工作的便捷性，进一步保证了工作效率和团队协作。

再比如，在科研领域，天文学、基因学等研究领域每天都在产生 TB 甚至 PB 级别的数据。通过云计算，科研人员可以轻松地处理这些数据，从而加速科研进展，挖掘出更多有价值的科学发现，推动人类科学探索的步伐不断前进。

正是基于这样的背景，云计算与大数据的融合成为信息技术发展的必然趋势。云计算提供了强大的基础设施和平台支持，使得大数据的存储、处理和分析变得更加高效、便捷，从而推动了各行各业的数字化转型和创新发展。

1.2.1.2 技术融合的动因

1. 数据处理需求。大数据的处理需要强大的计算能力和灵活的存储资源。云计算提供了按需获取计算和存储资源的能力，使得大数据处理变得更加高效和经济。比如，一个电商平台在"黑色星期五"期间会面临海量的用户访问和交易数据瞬间激增的情况，通过云计算平台，企业可以快速扩展服务器和数据库容量，实时处理和分析这些数据，从而确保系统的稳定运行和良好的用户体验。

2. 成本效益。云计算通过资源池化和按需付费的新模式，大大降低了企业的数据处理成本。大数据分析需要大量的存储和计算资源，传统的本地部署方式成本高昂且难以扩展，而云计算提供了灵活且经济的解决方案。例如，一家创业公

司希望通过分析用户行为数据来优化其产品和服务。通过使用云计算平台，他们无需一次性购买昂贵的硬件设备，而是根据实际需求租用计算和存储资源，从而降低了初期投入和运营成本，并确保了资源利用的最大化。

3. 技术创新。云计算和大数据技术的融合催生了许多创新应用和解决方案。例如，人工智能（Artificial Intelligence, AI）和机器学习（Machine Learning, ML）的应用需要大量的数据和计算能力，云计算平台提供了理想的环境来进行模型训练和推理。搭载自动驾驶技术的新能源汽车公司通过云计算平台处理和分析来自车辆传感器的海量数据，训练和优化自动驾驶算法，从而提升驾驶的安全性和可靠性。

1.2.1.3 当前融合的趋势

云计算和大数据的融合已经被市场广泛接受。越来越多的企业和机构逐步将业务迁移到云平台，通过大数据分析优化运营和决策。根据相关市场研究报告，云计算和大数据市场的规模正在快速增长，预计未来几年将继续保持高速发展的态势。

例如，全球知名的流媒体公司——美国奈飞公司（Netflix，简称奈飞），利用云计算平台存储和分析用户观看数据，推荐个性化的影片和电视剧，极大地提升了用户体验满意度。

随着技术的发展，云计算和大数据的相关技术日趋成熟。云计算平台提供了丰富的服务和工具，支持大数据的存储、处理、分析和可视化。同时，大数据技术在数据挖掘、机器学习（ML）和人工智能（AI）等领域取得了显著进展，应用场景不断扩展。例如，亚马逊的 AWS、微软的 Azure 和谷歌的云计算平台(Google Cloud Platform, GCP）提供了全面的大数据处理和分析服务，如 Hadoop、Spark、TensorFlow 等，使得企业可以轻松构建机器学习模型。

1.2.1.4 面临的主要挑战

1. 数据安全与隐私保护。数据安全和隐私保护是云计算和大数据融合面临的主要挑战之一。在数据的存储和传输过程中，保护敏感信息显得尤为重要，必须采取有效的安全措施来防止数据泄露和非法访问。例如，当一家银行将客户数据迁移到云端时，必须进行数据加密、访问控制和合规性审查，以全方位保护客户的隐私和信息安全。

2. 数据治理。大数据的多样性和复杂性使得数据治理变得更加困难。数据的质量、准确性和一致性直接影响分析结果和决策质量。例如，医院在分析患者数据时，需要确保数据来源的可靠性和数据格式的一致性，避免数据错误和重复，从而保证诊断和治疗方案的准确性，从根本上保障患者的生命健康。

3. 技术整合与管理方面。云计算和大数据技术的融合涉及多个技术和平台的整合与管理。企业需要具备相关技术能力和经验，才能充分利用这些技术带来的优势。比如，一家制造企业在实施工业物联网（Internet of Things, IoT）搭建和大数据分析时，需要整合来自不同设备和系统的海量数据，并利用云计算平台进行实时监控和分析，这对技术团队的专业知识和技术实力提出了较高的要求。

1.2.2 融合带来的产业变革与创新机遇

云计算与大数据技术的融合正引发一场产业变革，这场变革不仅改变了企业运营的方式，也为创新提供了广阔的舞台。以下是对这场变革及其带来的机遇的深入剖析。

1.2.2.1 产业变革的深度分析

1. 零售行业的转型。在零售行业，云计算和大数据的融合使得个性化推荐和精准营销成为可能。例如，淘宝等电商平台通过分析用户的浏览、搜索、购买行为和评价数据，构建了高效精准的个性化推荐系统。这种基于用户行为的智能推荐能够让用户迅速找到心仪的商品，不仅提升了用户的购物体验，也显著增加了销售额。

2. 医疗行业的创新。医疗行业通过云计算和大数据的融合，实现了精准医疗和健康管理的突破。公司（如 Flatiron Health）利用这些技术收集和分析大量患者数据，提供个性化的治疗方案，从而改善治疗效果并提高患者的生活质量。

3. 金融行业的风险管理。金融行业利用云计算和大数据进行风险管理和智能投资。量化投资基金借助这些先进技术，能够实时分析金融市场数据，运用复杂的算法和模型做出快速准确的投资决策，从而有效捕捉市场机会并规避潜在风险。

4. 物流行业的智能化。物流行业通过云计算和大数据的融合，实现了智能物流和供应链管理的革新。顺丰速递等物流行业的领军企业利用这些技术优化运输路线，调整仓储布局，从而降低物流成本，提高配送效率。

5. 农业行业的精准种植。在农业领域，云计算和大数据的融合使得智能农业

和精准种植成为现实。农业公司通过分析农田数据,为农民提供科学的种植建议,优化种植策略,从而提高作物的产量和质量。

1.2.2.2 创新机遇的探索

1. 数据驱动的决策制定。随着数据量的不断增加,企业能够基于数据做出更加精准的分析和高效的决策。这不仅提高了运营效率,还为企业开创了新的商业模式和收入来源。

2. 新兴技术的融合。云计算和大数据技术的融合为 AI、ML、IoT 等新兴技术提供了应用平台,推动了这些技术的快速发展和广泛应用。

3. 跨界合作的机会。不同行业的企业通过云计算和大数据技术的融合,可以更容易地实现跨界合作,共享资源,创造新的价值。

4. 创业和小微企业的发展。云计算和大数据降低了技术应用的门槛和成本,为创业公司和小微企业提供了与大企业同台竞争的机会和开展商业合作的可能,促进了创新的多样性。

1.2.2.3 面临的挑战

1. 数据安全与隐私保护。随着数据量的增加,如何保护数据安全和用户隐私成为当前面临的一大挑战。企业需要综合运用多种手段,采取有效的技术和管理措施,全方位地确保数据的安全性。

2. 数据治理和质量控制。数据的多样性和复杂性要求企业加强数据治理,确保数据的质量和一致性,从而保证分析结果的准确性,确保在应用过程中做出正确决策。

3. 技术整合和管理。云计算和大数据技术的融合需要企业具备跨领域的技术能力和管理经验,这对企业的技术人员和管理团队提出了更高的要求。相关人员需要更新自我知识储备,积极掌握新技术,同时转变思维方式,加强团队协作,提升团队的运营能力。

总之,云计算与大数据技术的融合为各行各业带来了前所未有的变革和机遇。企业需要积极拥抱这场变革,不断探索创新的商业模式和技术应用,同时也要面对数据安全、数据治理和技术管理等方面的挑战。只有不断学习和适应,企业才能在这场技术革命中立于不败之地。

第 2 章　云计算技术基础

　　本章深入介绍了云计算的技术基础，包括其架构与模型、关键技术等。首先，详细阐述了云计算的三层架构：IaaS、PaaS 和 SaaS，并解释了每一层的功能和重要性。接着，探讨了云计算中的虚拟化技术、分布式存储技术和网络技术的进步，展示了这些技术如何支撑云计算的高效运行和发展。

2.1 云计算的架构与模型

本节概要

　　本节详细描述了云计算的三层架构模型：基础设施层、平台层和应用层。基础设施层提供了计算资源，如虚拟机和存储；平台层为开发者提供了运行应用程序的环境；应用层则面向用户提供各种应用服务。这三层相互协作，形成了完整的云计算服务体系。

2.1.1 云计算的基础架构层次

　　云计算是现代信息技术的基石，其复杂而精妙的结构如同一座层层递进的智慧之塔。这座塔由基础设施层、平台层和应用层三部分组成，各层之间相互协作，共同提供强大而灵活的云计算服务。

　　让我们通过一些生动的例子和具体的案例，深入了解这三层的功能和协作机制。

2.1.1.1 基础设施层（IaaS）

　　基础设施层是云计算的地基，它提供了最基本的计算资源，如虚拟机、存储、网络和安全服务。可以将其比作一座大楼的钢筋水泥框架，提供坚实的支撑和基础。其功能主要体现在计算资源、存储资源、网络资源和安全服务等方面。

　　1. 计算资源。提供虚拟机（Virtual Machine, VM），用户可以根据需要随时创建和销毁虚拟机，灵活扩展计算能力。

　　2. 存储资源。提供大规模的分布式存储，支持对象存储、块存储等多种存储类型，以满足不同数据存储需求。

　　3. 网络资源。提供虚拟网络、负载均衡、防火墙等网络服务，确保数据传输的安全性和高效性。

4. 安全服务。为用户提供包括身份验证、访问控制、数据加密等在内的安全措施，从而保障数据和应用的安全，为用户提供可靠的保障。

基础设施层就像一个巨大的工具箱，里面有各种各样的工具，用户可以根据需要选择合适的工具来完成任务。比如，建造一座大楼时，你需要的钢筋、水泥、砖块等材料，都可以从这个工具箱中获取。

2.1.1.2 平台层（PaaS）

平台层是云计算的中间层，提供了开发和运行应用程序的环境，包括操作系统、中间件、数据库和开发工具。平台层就像一个现代化的厨房，配备了各种厨具、炊具和食材。厨师（开发者）只需专注于烹饪（开发应用），而无需担心厨房的基础设施（如服务器、存储等）。平台层的功能主要通过操作系统、中间件、数据库和开发工具来实现，具体如下。

1. 操作系统。提供多种操作系统环境，支持不同开发语言和框架的运行。

2. 中间件。提供应用服务器、消息队列、缓存等中间件服务，简化应用程序的开发和部署。

3. 数据库。提供关系型数据库和非关系型数据库，支持数据存储、查询和分析。

4. 开发工具。提供代码编辑器、版本控制、持续集成和部署工具，支持开发和运维的全流程管理。

2.1.1.3 软件服务层（SaaS）

软件服务层是云计算的顶层，直接面向终端用户，提供各种应用服务。软件服务层就像已经装修完毕并配备了所有家具和设备的豪华公寓，用户只需拎包入住，享受各种便利。软件服务层的功能主要体现在以下四个方面。

1. 应用服务。提供各种功能完备的应用程序，如办公软件、电子邮件、客户关系管理（Customer Relationship Management, CRM）系统等。

2. 用户管理。提供用户注册、认证和权限管理等功能，同时确保应用的安全性，并为用户提供个性化的服务。

3. 数据管理。提供数据存储、备份和恢复等服务，在这一过程中保障用户数据的安全性和可用性是首要任务。

4. 使用监控。提供应用使用情况的监控和统计，根据结果，有针对性地帮助企业优化资源，同时提升用户体验。

IaaS、PaaS 和 SaaS 三者紧密协作，共同构成了云计算服务的完整生态系统。

Paas 和 SaaS 的运行都依赖于基础设施层提供的计算、存储和网络资源。没有坚实的基础设施层，PaaS 和 SaaS 就无法稳定运行。PaaS 为 SaaS 提供了开发和运行环境，使得应用开发者无需关心底层资源的管理，只需专注于业务逻辑和用户体验。SaaS 直接面向终端用户，提供各种功能完备的应用服务。终端用户通过 SaaS 使用云计算服务，而无需了解底层的复杂技术。

这三层的协作就像是一座精密的机器，各个部件紧密配合，共同完成工作。基础设施层是机器的引擎，提供动力；PaaS 是机器的操作系统，管理和协调各个部件；SaaS 是机器的用户界面，直接与用户交互，提供最终的服务和功能。

云计算的 IaaS、PaaS 和 SaaS 共同构成了一个完整的服务体系，为用户提供了强大而灵活的计算能力。这一层层递进的智慧之塔，不仅简化了技术管理，降低了成本，还极大地促进了创新和业务发展。通过这种精妙的协作机制，云计算正为我们打开一个充满无限可能的未来。

2.1.2 云计算的服务模型详解

IaaS、PaaS 和 SaaS 是云计算的三种主要服务模式。它们各自提供不同层次的服务，从基础设施到平台再到应用，以满足不同类型用户的需求。三种服务模式的详细介绍如表 2-1 所示。

表 2-1　三种服务模型的详细介绍

名称	服务范围	优势	局限性	案例
IaaS	IaaS 提供最基本的云计算资源，如虚拟机、存储、网络和操作系统	①灵活和可扩展，用户可以根据需求动态调整资源配置②按需付费，无需预先购买和维护物理硬件③用户拥有对操作系统和应用的完全控制权	①管理复杂，用户需要自行管理和维护操作系统、中间件和应用②用户需负责大部分的安全措施，如操作系统补丁和防火墙配置	Netflix 使用 AWS EC2 来支持其庞大的流媒体服务。通过 IaaS，Netflix 能够根据观看需求的波动，动态调整计算资源，确保用户获得流畅的观看体验。利用 AWS 的弹性扩展能力，Netflix 避免了自建数据中心的高昂成本和复杂管理

名称	服务范围	优势	局限性	案例
PaaS	PaaS 提供了开发和运行应用程序的环境，包括操作系统、中间件、数据库和开发工具	①开发者无需管理底层基础设施，专注于应用开发②提供自动化的应用部署和扩展功能，加速开发周期。③提供数据库、缓存、消息队列等丰富的中间件服务	①用户对底层操作系统和基础设施的控制有限②依赖于平台提供商的服务，迁移到其他平台可能较为复杂	Snapchat 最初使用谷歌 App Engine 进行应用开发和托管。通过 PaaS，Snapchat 团队能够专注于开发新功能，而无需担心服务器的管理和维护。App Engine 的自动扩展功能，帮助 Snapchat 应对用户数量的快速增长，确保应用的高可用性和性能
SaaS	SaaS 提供完整的应用软件，用户通过互联网直接访问和使用这些软件，无需安装和维护。SaaS 服务通常以订阅方式收费	①用户可以通过浏览器直接使用应用软件，无需担心软件更新和维护②只要有互联网连接，用户可以在任何设备上访问应用③通常采用订阅模式，企业可以根据实际使用量支付费用	①用户只能使用提供商提供的功能和界面，定制化程度有限②用户的数据存储在提供商的服务器上，需信任提供商的安全措施	Dropbox 提供云存储和文件共享服务，用户可以通过任何设备访问和共享文件。作为 SaaS 提供商，Dropbox 确保用户数据的安全和可靠，同时不断更新和改进功能，无需用户进行任何软件维护。企业用户通过订阅服务，享受灵活的存储空间和协作工具，提升工作效率

2.2 云计算的关键技术

本节概要

本节聚焦于云计算中的关键技术，特别是虚拟化技术。虚拟化技术允许多个虚拟实例共享同一物理资源的需求，从而提高了资源的利用效率。文中还深入讨论了分布式存储技术的发展，如 Hadoop 和 Ceph，它们为处理和存储大规模数据提供了有效的解决方案。

2.2.1 虚拟化技术的原理、分类与实施

虚拟化技术就像一场魔术表演，它能够巧妙地让一台物理服务器（或存储设

备、网络设备）同时进行多个虚拟的"魔术表演"。每个表演好像在独立的舞台上进行，但实际上这些表演共享了同一台物理设备的资源。

2.2.1.1　虚拟化技术的原理

虚拟化技术的原理是通过软件手段将物理资源抽象化，从而允许多个虚拟实例共享同一物理资源。这种技术的核心在于资源的隔离和独立性，使得每个虚拟实例都能够独立运行，互不干扰。

2.2.1.2　虚拟化技术的分类

虚拟化技术按照应用领域可以分为服务器虚拟化、存储虚拟化、网络虚拟化、桌面虚拟化和应用虚拟化等。每种虚拟化技术都有其特定的应用场景和优势。

1. 服务器虚拟化

服务器虚拟化是云计算中应用最广泛的虚拟化技术之一。它通过在一台物理服务器上创建多个虚拟机（VMs），每个虚拟机都拥有自己的操作系统和应用程序，从而实现资源的优化配置和高效利用。服务器虚拟化的优势在于其灵活性和可扩展性，云服务提供商可以根据需求快速部署或迁移虚拟机，从而精准满足不同客户的个性化需求。

2. 存储虚拟化

存储虚拟化是将多个存储设备聚合成一个统一的存储资源池，然后根据需要从资源池中给不同的用户或应用分配存储空间。这种方式简化了存储管理，提高了存储效率，并允许更灵活的数据访问和备份策略。

3. 网络虚拟化

网络虚拟化是通过在物理网络设备上创建多个独立的虚拟网络来实现的。每个虚拟网络拥有独立的逻辑拓扑和地址空间，这种架构实现网络资源的灵活分配和管理。网络虚拟化技术支持云计算环境中不同租户之间的网络隔离，有效防止数据泄露等隐患，增强了安全性。

4. 桌面虚拟化

桌面虚拟化为用户提供了一种全新的计算模式，用户的桌面环境和应用程序

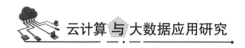

运行在服务器上，并通过网络实时传输到用户的终端设备。这种方式提高了数据安全性，降低了维护成本，并为用户提供随时随地访问自己的桌面环境的便利。

5. 应用虚拟化

应用虚拟化是将应用程序运行在服务器上，用户通过网络访问并使用这些应用程序，而无需在本地安装。这种方式极大地简化了应用程序的分发和更新，有效降低了对客户端设备的依赖。

2.2.1.3 虚拟化技术的实施

实施虚拟化技术需要考虑多个方面，包括硬件资源的兼容性、虚拟化管理软件的选择、虚拟化环境的安全性，以及虚拟化资源的监控和管理等。

1. 硬件资源的兼容性

虚拟化技术要求硬件平台支持虚拟化扩展，如 Intel 的 VT-x 或 AMD 的 AMD-V 技术。此外，硬件资源的分配和管理也是实施虚拟化技术时需要考虑的问题。

2. 虚拟化管理软件的选择

虚拟化管理软件是实现虚拟化技术的核心，它负责创建、管理、监控和调度虚拟资源。市场上有多种虚拟化管理软件，如 VMware vSphere、Microsoft Hyper-V、Red Hat Virtualization 等。选择合适的管理软件对于确保虚拟化环境的稳定性和性能至关重要。

3. 虚拟化环境的安全性

虚拟化环境的安全性是实施虚拟化技术时需要重点考量的核心问题。要确保虚拟机之间、虚拟机与物理主机之间的隔离，从而有效降低潜在的安全威胁。此外，还需要考虑采用虚拟化环境下的数据加密、访问控制和安全审计等安全措施。

4. 虚拟化资源的监控和管理

虚拟化资源的监控和管理是确保虚拟化环境正常运行的关键。需要实时监控虚拟化资源的使用情况（如 CPU、内存、存储和网络等资源的使用率），以及虚拟机的运行状态。此外，还需要有效的管理工具来调度和管理虚拟资源，实现资源的优化分配和负载均衡，从而确保虚拟化环境的高效稳定运行。

2.2.1.4 虚拟化技术的未来发展

随着云计算技术的不断发展，虚拟化技术也在持续进步和创新。未来的虚拟化技术将更加注重性能优化、安全性增强、管理自动化和环境融合等方面。例如，通过使用更高效的虚拟化算法、引入机器学习技术进行资源调度，以及实现多云和混合云环境下的统一管理等。

虚拟化技术是云计算的关键技术之一，它通过将物理资源抽象化、隔离化和共享化，实现了资源的高效利用和灵活分配。无论是服务器虚拟化、存储虚拟化还是网络虚拟化，这些技术都为云计算提供了强大的基础支撑，推动了云计算的快速发展和广泛应用。

随着技术的不断进步，虚拟化技术将在未来发挥更加重要的作用，为云计算带来更多的可能性和价值。

2.2.2 分布式存储技术的发展与应用

在信息爆炸的时代，数据量的增长速度前所未有，传统的集中式存储系统已经难以满足海量数据的存储和管理需求。分布式存储技术的发展，为解决这一问题提供了有效的途径。

2.2.2.1 Hadoop 分布式文件系统的高效存储

想象一下，你有大量书籍需要存放，但你的书架已经无法容纳这么多书了。你该怎么应对呢？也许你会考虑将书籍按类别分散存放在不同的书架上，这样每个书架都不会承受过多的重量，同时你可以更轻松地找到需要的书籍。

Hadoop 分布式文件系统（Hadoop Distributed File System，HDFS）就像是一座巨大的书架，拥有惊人的存储能力。它起源于谷歌文件系统（Google File System, GFS）和 MapReduce 的思想。其存储能力如同大象的记忆力一样强大。Hadoop HDFS 可以存储海量的数据，并能够以高效的方式进行数据的存储和检索。通过将数据分散存储在多个节点上，HDFS 实现了数据的高可靠性和高可扩展性。此外，HDFS 还会自动将数据分散存储在多个节点上，确保数据的安全性和可靠性。无论是存储还是检索数据，都可以通过简单的操作完成，就像

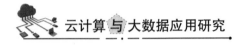

是在书架上找书一样轻松。

2.2.2.2 Ceph 的灵活存储

Ceph，一种分布式文件系统，是一个更加宏大的图书馆，其发展历程可以追溯到分布式文件系统和对象存储的理念。Ceph 将存储资源抽象为对象，并通过 RADOS（Reliable Autonomic Distributed Object Store，可靠的自组织对象存储设备）来管理这些对象。就像是一个宇宙图书馆，Ceph 可以存储各种形式的数据，包括文件、图片、视频等。例如，你不仅有书籍，还有文件、图片、视频等各种形式的资料需要存放，Ceph 就像为你提供了一个宇宙图书馆，你可以在这里找到任何你想要的资料。Ceph 通过将数据分散存储在多个节点上，并提供灵活的数据复制和数据恢复机制，保证了数据的高可用性和可靠性。无论是存储还是检索数据，都可以通过简单的操作完成，就像在图书馆里找书一样便捷。

2.2.2.3 分布式存储技术的优势

在当今数字化时代，数据的规模呈现出爆炸式增长，对高效、可靠的数据存储解决方案的需求变得前所未有的迫切。分布式存储技术的崛起，为应对大规模数据存储和访问的挑战提供了坚实而强大的支撑。

与传统的集中式存储模式相比，分布式存储展现出了一系列令人瞩目的优势，这些优势不仅在技术层面上实现了突破，更在实际应用中带来了显著的价值。

首先，高可靠性是分布式存储技术的一大突出特点。在分布式存储系统中，数据不再仅依赖于单一的存储节点，而是通过巧妙的机制被复制到多个不同的节点上。这种数据冗余策略意味着，即便某个节点不幸遭遇故障，无论是硬件损坏、网络中断还是其他不可预见的问题，数据也能够安然无恙，不会有丢失的风险。

例如，在一个大规模的云存储服务中，用户上传的照片、文档和视频等数据被分散存储在多个服务器节点上。如果其中一台服务器出现故障，系统会自动从其他正常运行的节点中获取相同的数据副本，确保用户能够随时随地访问到自己的重要资料，不会因为单点故障而遭受损失。这种高可靠性不仅为用户提供了可靠的数据保障，也为企业和组织在数据管理方面减少了潜在的风险和损失。

其次，分布式存储具备出色的高可扩展性。在数据量以惊人速度增长的当下，传统的集中式存储往往面临扩容的困境，而分布式存储则轻松地解决了这一难题。它能够通过简单地增加更多的节点，实现存储容量的线性扩展。这一特性使得分布式存储能够灵活地适应不断变化的数据规模，无论是企业业务的快速扩张，还是互联网应用用户数量的急剧增加，都能够轻松应对。

通过分布式存储技术，平台可以迅速添加新的存储节点，无需担心原有架构的限制，从而确保能够持续存储和提供海量的视频资源，满足用户的观看需求。这种可扩展性为企业的发展提供了无限的可能性，使其能够在激烈的市场竞争中保持敏捷和领先。

再者，高性能是分布式存储技术的又一重要优势。它借助并行处理和负载均衡技术，实现了数据访问速度和处理效率的大幅提升。在分布式存储系统中，多个节点可以同时处理数据请求，从而将原本集中在单个节点上的压力分散到整个网络中。负载均衡机制则确保各个节点的工作负载保持相对均衡，避免了某些节点过度劳累而另一些节点闲置的情况。

以大型电商平台为例，在促销活动期间，用户的访问量和订单量会瞬间飙升。分布式存储能够迅速响应，同时处理来自众多用户的并发请求，快速读取和更新商品信息、订单状态等数据，确保用户能够流畅地进行购物操作，而不会因为系统的延迟或卡顿而影响体验。这种高性能不仅能够提升用户满意度，还能够为企业带来更多的商业机会和竞争优势。

此外，分布式存储还展现出极高的灵活性。它支持多种数据类型，无论是结构化数据（如数据库中的表格）、半结构化数据（如 XML 和 JSON 格式的数据）还是非结构化数据（如图片、音频和视频），都能够轻松应对。同时，分布式存储还能够适应不同的访问模式，包括随机读写、顺序读写等。这种灵活性使得分布式存储能够根据不同的应用需求进行定制化的优化，更好地满足各种复杂业务场景的要求。

例如，在一个科研项目中，可能需要同时处理实验数据、研究报告和多媒体资料等多种类型的数据，并且对数据的访问模式也各不相同。分布式存储可以根据这些具体的需求，灵活配置存储策略，确保数据的高效存储和访问。

最后，从成本效益的角度来看，分布式存储通常采用廉价的硬件设备构建。相比于传统集中式存储依赖的高端、昂贵的专用存储设备，分布式存储能够充分利用普通的服务器和存储介质，从而显著降低存储系统的总体拥有成本。这对于那些对成本敏感但又需要处理大量数据的企业和组织来说，无疑是一个极具吸引力的特点。通过使用价格相对低廉的硬件设备，并结合高效的软件架构和管理策略，分布式存储能够在不牺牲性能和可靠性的前提下，为用户节省大量资金投入。

2.2.2.4 分布式存储技术的应用

分布式存储技术已经被广泛应用于各个领域,包括但不限于以下列举的领域。

1.大数据分析：分布式存储为大数据分析提供了强大的数据存储和处理能力，使得处理 PB 级别的数据成为可能。

2.云计算平台：云计算平台通常采用分布式存储技术来提供可扩展、高可用的云存储服务。

3.内容分发网络（CDN）：CDN 使用分布式存储技术来缓存和分发内容，提高内容的访问速度和用户体验。

4.科学计算和模拟：在气象预测、生物信息学、物理模拟等领域，分布式存储技术为处理复杂的科学数据提供了支持。

5.多媒体和娱乐：在视频点播、在线游戏、虚拟现实等应用中，分布式存储技术为存储和传输大量的多媒体数据提供了解决方案。

总之，Hadoop HDFS 和 Ceph 等分布式存储技术的发展，不仅解决了海量数据的存储问题，还为数据的高效访问和处理提供了可能。它们就像书架和图书馆一样，为我们提供了安全、可靠、高效的存储解决方案，使我们能够轻松地管理海量的数据资源，从而推动数据驱动的科学研究和商业应用的发展。

2.2.3 云计算中的网络技术进步

在云计算的广阔舞台上，网络技术的进步如同一场精彩绝伦的交响乐，每个技术元素都扮演着独特的角色，共同创造出和谐而高效的云计算环境。

1. 软件定义网络与网络功能虚拟化

软件定义网络（Software Defined Network, SDN）与网络功能虚拟化（Network Functions Virtualization, NFV）是云计算网络技术进步中的两个关键概念。SDN通过中心化的软件控制器实现网络流量的动态管理和控制，就像一位才华横溢的指挥家，不再受限于传统的乐谱，而是能够根据实时反馈和需求，灵活地调整乐团的演奏。而NFV则是这位指挥家的魔杖，它能够根据乐曲的需要，随时变换角色，调整乐队的演奏方式和节奏。通过SDN和NFV的结合，网络能够更加灵活地适应不同应用场景的需求，提高网络的效率和性能。

2. 边缘计算的兴起

边缘计算是云计算中的一大技术进步，它将计算能力推向网络的边缘，即更靠近数据源的地方。这样做的好处显而易见：减少延迟，提高数据处理速度，优化用户体验。像Cloudflare这样的公司，通过其智能计算服务Cloudflare Workers，能够在200多个数据中心运行代码，这些数据中心遍布全球，尽可能地靠近用户。亚马逊的AWS for the Edge服务和微软的Azure IoT Edge也都提供了类似的边缘计算服务，使代码更接近用户，减少网络延迟。

3. 网络访问的广泛性和虚拟化

云计算的核心优势之一在于其广泛的网络访问特性。用户可以在任何时间、任何地点，使用任何终端设备接入云计算资源。这种广泛的访问性，得益于虚拟化技术的迅猛发展。虚拟化技术使得物理资源能够转化为可由多个用户共享和使用的虚拟资源，用户无需深入了解底层硬件的具体情况，只需关注所需的服务和资源，极大地提高了使用的便捷性和灵活性。

4. 云自动化的革命

云自动化是云计算中的一项重要技术。它包括一系列旨在减少管理云中工作负载和服务所需人工量的工具和流程。云自动化不仅有助于消除重复和手动流程，显著减少人为错误，还极大地提高了云资源的管理效率。此外，云自动化工具还提供了组织、可视化和分析数据的新方法，帮助员工和管理层更好地利用云基础

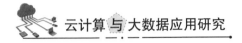

设施。

5. 开源云应用的兴起

为了避免供应商锁定，许多企业和组织开始转向开源云应用。这不仅促进了云计算生态系统的开放性和多样性，还为企业提供了更大的灵活性和可定制性。开源云应用有助于降低云计算成本，因为它们通常允许更自由地进行修改，并能更好地集成到现有的 IT 环境中。

6. 计算粒度的减小

云计算服务商通过减小计算粒度，提供更精细化的计费方式。例如，AWS Lambda 最初以 100 毫秒为单位进行计费，后来发展到以 1 毫秒为增量计费。这种更细粒度的计费方式，使用户能够更有效地利用计算资源，降低成本，优化资源分配。

7. 操作系统的简化

在云环境中，现代化的操作系统被简化和优化，以提高其效率和安全性。例如，Unikernels 技术的引入有效消除了操作系统的复杂性，大幅度减少了攻击面，显著提高了系统的保护能力。这种操作系统的简化，不仅提升了性能，还为云计算环境的整体安全保驾护航，确保了整体安全性的提高。

8. 云计算网络技术进步的综合影响

云计算中的网络技术进步正在深刻地改变我们的工作和生活方式。从 SDN 和 NFV 的灵活控制，到边缘计算的快速响应，再到自动化云的高效管理，这些技术的综合应用不仅提高了云计算的性能和效率，还为用户提供了前所未有的便利性和灵活性。

随着技术的不断进步，我们可以预见，云计算和网络技术将继续发展和创新，为各行各业带来更多的可能性。无论是企业还是个人，都将从这场技术革命中受益，享受到云计算带来的便捷、高效和安全。

第 3 章　大数据技术概述

　　本章提供了对大数据技术的全面认识，包括大数据的基本特征、关键技术与管理。首先，深入分析了大数据的 4V 或 5V 模型，阐释了大数据的规模、多样性、处理速度和真实性。接着，对大数据与传统数据进行对比，并就 Hadoop 生态系统中的核心组件和技术，如 HDFS、MapReduce、YARN 等，以及 NoSQL 数据库的分类和应用场景进行了讨论。

3.1 大数据的基本特征

本节概要

本节详细讨论了大数据的 4V 模型，并对每个维度进行了深入的解析。Volume（规模性）强调了数据的大规模；Variety（多样性）指出了数据类型的广泛性；Velocity（高速性）关注数据的快速生成和处理；Veracity（真实性）则涉及数据的准确性和可靠性。此外，还提到了 Value（价值性）作为大数据的第五个特征，强调了从数据中提取有价值信息的重要性。

3.1.1 大数据的 4V 或 5V 模型详解

大数据的 4V 模型及其扩展的 5V 框架，是学术界与产业界用于界定大数据核心特征的经典理论体系。该模型最初包含 Volume（规模性）、Variety（多样性）、Velocity（高速性）、Veracity（真实性）四大维度，后续拓展纳入 Value（价值性）形成 5V 模型。这些特征从数据规模、存在形式、处理时效、质量管控及应用效能等维度，构建了大数据的完整概念体系。以下针对各维度展开系统性阐释：

1. Volume（规模性）：数据规模的量级突破

定义：指数据的物理存储规模与产生总量，体现为数据量的海量特征。

特征解析：大数据的体量往往达到 TB、PB 甚至 EB 级，远超传统关系型数据库的处理范畴。以社交媒体平台为例，抖音单日用户行为数据（含视频播放、互动评论、内容创作等）可突破数百 TB，此类规模的数据需依赖分布式存储与计算架构（如 Hadoop、Spark）实现高效管理。

核心挑战：数据存储成本的线性增长与传统技术栈的处理瓶颈。

2. Variety（多样性）：数据形态的多元异构

定义：指数据来源的广泛性与表现形式的多样性，涵盖结构化、半结构化与非结构化数据。

特征解析：结构化数据是以关系型数据库形式存储的格式化数据（如电商订单、用户注册信息）；半结构化数据是具备一定模式但非严格格式化的数据（如 XML/JSON 日志、配置文件）；非结构化数据是无固定格式的自由形态数据（如文本评论、图片、视频、音频等）。

以电商行业为例，其数据生态包含用户浏览日志（非结构化）、商品标签（半结构化）、交易记录（结构化）等多元形态，需通过数据清洗与标准化技术实现跨类型整合。

核心挑战：多源数据的统一建模与语义解析。

3. Velocity（高速性）：数据流转的实时响应

定义：指数据产生、采集、处理及反馈的速度要求，强调时效性与动态性。

特征解析：在物联网（IoT）、金融交易等场景中，数据需以秒级、毫秒级甚至微秒级速度完成采集 – 处理 – 应用闭环。例如，高频股票交易系统需在纳秒级完成行情数据解析与交易指令执行，以捕捉市场瞬间波动；智能工厂的传感器数据需实时反馈至控制系统，实现设备状态的动态调节。

核心挑战：实时流处理技术（如 Flink、Kafka）的性能优化与低延迟架构设计。

4. Veracity（真实性）：数据质量的可靠保障

定义：指数据的真实性、准确性与完整性，反映数据本身的质量水平。

特征解析：大数据来源的复杂性（如用户生成内容、多设备采集）易导致数据噪声、重复、缺失等问题。以医疗领域为例，电子病历数据的不完整或错误可能直接影响临床诊断准确性，因此需通过数据校验（如一致性检查、异常值识别）、数据溯源（追踪数据生成链路）等技术提升信度。

核心挑战：数据治理体系的建立与质量管控机制的落地。

5. Value（价值性）：数据应用的商业转化

定义：指通过数据挖掘、分析建模从原始数据中提取的可执行洞察与商业价值。

特征解析：数据价值的实现需经历"原始数据→清洗加工→分析建模→决策支持"的转化过程。例如，零售企业通过分析用户消费行为数据（如购买频次、偏好标签），可构建精准营销模型，将用户转化率提升 30% 以上；智慧城市通过整合交通流量数据优化信号灯配时，可使通勤效率提升 15%–20%。

核心挑战：算法有效性与业务场景的深度耦合，以及数据隐私与合规性约束。

6. 模型演进与实践意义

4V 到 5V 模型的扩展，体现了大数据从"技术驱动"向"价值驱动"的范式转变。在数字化转型背景下，企业需同步关注数据规模的扩容、多元数据的融合处理、实时能力的构建、质量体系的完善及价值转化的闭环，通过全链条能力提升，实现大数据从"资产"到"资本"的跨越。

3.1.2 大数据与传统数据的对比分析

在大数据时代，数据的采集、存储、处理和分析方法都发生了显著的变化。为了更好地理解这些变化，我们将传统数据与大数据进行对比，并探讨大数据带来的技术和方法论上的变革。传统数据与大数据在数据采集方面的对比如表 3-1 所示。

表 3-1　传统数据与大数据在数据采集方面的对比

名称	采集方式	数据来源	采集频率	打比方	案例
传统数据	手动输入、定期更新、批量导入	结构化数据，如数据库、表格和记录	低频率，定期（如每日、每周）采集	传统数据采集就像是定期去图书馆借书，每次借几本，定期还书	企业每周从销售系统中导出销售数据，手动输入到 Excel 表格中
大数据	自动化、实时采集、流数据处理	多样化的数据来源，包括传感器、社交媒体、日志文件、音视频等	高频率，持续、实时采集	而大数据采集则像是不断地通过网络订阅新闻，每时每刻都有新的信息源不断地到达	智能工厂中传感器实时采集机器运行数据，并通过物联网平台实时传输到数据中心

传统数据与大数据在数据存储方面的对比见表 3-2。

表 3-2 传统数据与大数据在数据存储方面的对比

名称	存储类型	存储架构	存储扩展性	打比方	案例
传统数据存储	结构化数据存储在关系型数据库（如 SQL Server、Oracle）	集中式存储，单一服务器或少量服务器	扩展性有限，垂直扩展（增加硬件）	传统数据存储就像是将所有书籍集中在一个大书架上	银行使用 Oracle 数据库存储客户信息
大数据存储	结构化、半结构化和非结构化数据	分布式存储，使用多台服务器（如 HDFS）	水平扩展，添加更多节点	而大数据存储则像是把书籍分散存放在多个图书馆中，各个图书馆相互连接，共同管理书籍	电商平台使用 HDFS 存储用户行为日志、图片和视频数据

传统数据与大数据在数据处理方面的对比如表 3-3 所示。

表 3-3 传统数据与大数据在数据处理方面的对比

名称	处理方法	处理工具	处理性能	打比方	案例
传统数据处理	批处理，每次处理大量数据，周期性运行	传统的 ETL（抽取、转换、加载）工具，如 Informatica、Talend	处理速度较慢，处理能力有限	传统数据处理就像是每天晚上按时做家庭作业	公司每晚批量处理当天的销售数据，生成报表
大数据处理	批处理与实时处理相结合，流式处理	MapReduce、Spark、Flink 等大数据处理框架	高并行处理能力，处理速度快	而大数据处理则像是在课堂上实时解答问题，不断地处理新的信息和问题	社交媒体平台使用 Spark 实时分析用户互动数据，推荐个性化内容

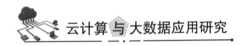

传统数据与大数据在数据分析方面的对比,如表 3-4 所示。

表 3-4　传统数据与大数据在数据分析方面的对比

名称	分析方法	分析工具	处理深度	打比方	案例
传统数据分析	基于抽样和统计分析,使用传统商业智能(Business Intelligence, BI)工具	Excel、SAS、SPSS 等	静态分析,基于历史数据	传统数据分析就像是通过历史记录预测未来天气	市场调研公司每季度分析销售数据,提供市场趋势报告
大数据分析	机器学习、深度学习、数据挖掘	Hadoop、Spark MLlib、TensorFlow 等	动态分析,预测分析,实时数据流分析	而大数据分析则像是通过实时监测和复杂模型预测未来天气,更加准确和即时	在线零售商使用机器学习模型实时分析用户浏览和购买行为,推荐相关商品

通过对比,大数据与传统数据在采集、存储、处理和分析方面存在显著差异。大数据技术和方法论的变革不仅提升了数据处理的效率和能力,还推动了各行各业的创新和发展。这些变革为我们提供了前所未有的机会,使我们能够更深入地认识和利用数据,推动行业和社会的进步。

3.2 大数据的关键技术与管理

本节概要

本节深入探讨了大数据的关键技术与管理策略。介绍了 Hadoop 生态系统中的核心组件,如 HDFS、MapReduce 和 YARN,并解释了它们在大数据处理中的作用。此外,还讨论了 NoSQL 数据库的不同类型,包括键值存储、列式存储、文档存储和图数据库,以及它们在不同应用场景下的优势。

3.2.1 Hadoop 生态系统的核心组件与技术

Hadoop 生态系统是一个庞大、复杂且精密的框架，用于存储和高效处理大规模数据。它包括多个核心组件，如 HDFS、MapReduce、YARN 等。每个组件都有其独特的功能，并在大数据处理中发挥着重要作用。下面我们将深入介绍这些核心组件及其功能。

HDFS 是 Hadoop 的分布式文件系统，负责存储海量数据。它将数据分成多个数据块，分布式地存储在集群的不同节点上，确保数据的高可用性和容错性。这样可以随着数据量的增长，轻松添加新的存储节点以扩展存储容量。HDFS 优化了对大数据的吞吐量，使得读取和写入操作更便捷高效。HDFS 就像是将一座巨大的仓库分成许多小仓库，每个小仓库存放一部分数据。如果一个小仓库出现问题，其他小仓库的副本可以确保数据不会丢失，并保证系统正常运行，不会对用户产生影响。

MapReduce 是 Hadoop 的核心计算模型，用于处理和生成大数据集。它包括两个主要阶段：Map 阶段和 Reduce 阶段。MapReduce 的主要功能是将任务分解为小块，并在不同节点上并行处理，以提高计算效率。该计算模型适用于大规模数据处理任务，如排序、搜索、数据聚合等。在 Map 阶段，可以将输入数据分成多个子任务，每个子任务独立处理数据并生成中间结果。在 Reduce 阶段，可以将中间结果汇总、处理并生成最终结果。就像一个工厂，Map 阶段就像各个车间进行初步原材料加工，Reduce 阶段则是将各车间的半成品加工成最终产品。

YARN 是 Hadoop 的资源管理平台，负责管理和调度集群资源，支持多种计算框架在同一集群上同时运行。它可以动态分配计算资源，确保各任务高效利用资源，实现资源利用最大化。同时，它可以调度和监控任务执行，提高集群的整体性能和资源利用率。YARN 就像是工厂的调度员，负责分配车间的机器和人力资源，确保生产线持续、稳定、高效运行。

Hive 是构建在 Hadoop 上的数据仓库基础设施，提供类 SQL 的查询语言，称为 Hive SQL，用于数据分析，方便用户对复杂数据的查询和分析，有效降低大数据分析的难度。它可以管理存储在 HDFS 中的数据，支持数据的分区和索引。Hive 就像一位数据分析师，通过精准查询和深入分析生产数据，帮助优化生产流程。

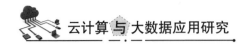

HBase 是一个分布式的、面向列的 NoSQL 数据库，构建在 HDFS 之上，用于存储大规模结构化和半结构化数据。它能够提供快速的随机读写操作，适用于实时数据处理应用。此外，它还适合存储大规模数据，支持自动分片和扩展。总而言之，HBase 就像是一个快速存取的大型文件柜，能够迅速找到并更新所需文件。

3.2.2 NoSQL 数据库的分类、特点及应用场景

NoSQL 数据库可以分为键值存储数据库、列式存储数据库、文档存储数据库和图数据库。

键值存储数据库就像是数据界的便利贴。每个数据都有一个唯一的"键"，对应一个具体的"值"。这个"值"可以是任何形式，如字符串、数字或复杂对象。键值存储数据库具备操作简单、速度极快的特点，在读写频繁的场景中充分展现了其优势。另外，键值对应的形式使其非常灵活，可以存储任何类型的数据。在实际应用中，键值存储数据库通常运用于会话管理和缓存系统等场景中。比如，在网购活动中，每个用户的购物车都可以用一个唯一的键来标识，以存储他们选择的商品列表。再如，Redis 和 Memcached 可以快速存取临时数据，提高系统性能。就像在厨房里给每个调料瓶贴上一个便利贴，上面写着调料的名字（键），瓶子里装着对应的调料（值）。当你需要某种调料时，只需看便利贴就能快速找到所需的调料。

列式存储数据库就像是超级强大的电子表格，专门用于高效处理列的数据。每一列的数据都独立存储，这种方式特别适合读多写少的场景。由于同一列的数据类型相同，所以压缩效果尤为显著。这种方式适用于读取大量列的操作，如聚合查询。列式存储数据库通常应用于数据仓库和分析应用等场景中。例如，Apache HBase 和 Cassandra 适合存储和查询海量数据，并执行复杂的分析任务。又如，金融数据分析、电信行业的日志分析等。假如有一个庞大的电子表格，记录了全班同学的各科成绩，列式存储就像把每一科的成绩单独存放在一个文件夹里。当需要计算全班数学成绩的平均分时，只需打开数学成绩的文件夹，就能够快速、高效地完成计算。

文档存储数据库就像是一个大型文件柜，每个文件夹（文档）都可以包含结构化数据和非结构化数据，并且每个文件夹的格式可以不同。这种数据库非常

适合存储和处理多样化的文档数据。文档可以具有不同的结构，以适应多变的数据需求。支持嵌套数据结构，方便存储复杂数据。在内容管理系统场景中，例如 MongoDB 和 CouchDB，可以用来存储博客文章、用户评论等。在电商网站场景中，用于存储产品信息、用户资料等，每个文档可以包含多种数据类型。可以想象一个大型文件柜，其中每个文件夹都存放着一个项目的所有资料，有的文件夹里是合同，有的是设计图纸，有的是邮件记录。无论项目资料如何多样化，只需将相应的资料放入相应的文件夹，这个文件柜都能轻松应对。无论是存储还是取用，都能做到游刃有余。

图数据库就像是社交网络中的好友关系图谱。它专门设计用于存储和查询复杂关系的数据，例如社交网络中的用户关系、网络中的路由信息等。特别适合处理复杂的关系和图形结构。可以动态添加节点和边，以适应用户不断变化的业务需求。

在社交网络场景中，例如 Neo4j，可以用来存储和查询用户之间的关系、共同好友等。电商平台使用图数据库分析用户的购买行为和使用偏好，据此推荐相关商品。

可以想象一个巨大的社交网络图谱，每个节点代表一个人，每条边代表两个人之间的关系。图数据库就像这张图谱，可以快速找到谁是你的朋友、朋友的朋友，以及共同的兴趣爱好等。

NoSQL 数据库家族中的各个成员各具特色，通过不同的存储和处理方式，充分发挥各自优势，满足用户多样化的数据需求。从如便利贴般简单快速的键值存储，到灵活强大的文档存储，再到适合复杂关系的图数据库，每一种 NoSQL 数据库都在特定的应用场景中展现了独特的优势。无论是需要高效缓存的在线购物车，复杂分析的金融数据，还是灵活存储的电商产品信息，选择合适的 NoSQL 数据库将为你的应用带来巨大的性能提升。这正是 NoSQL 数据库的魅力所在，它们不断适应并推动着大数据时代的技术变革。

3.2.3 数据湖的概念、架构与实践案例

数据湖（Data Lake）是一个存储系统或存储库，主要用于存储大量的原始数据。数据湖的设计理念是让数据保留原始状态，即数据以各种格式存储在数据湖中，

无论是结构化数据、半结构化数据还是非结构化数据，接收时的状态即是存储的状态。数据湖的架构通常包括以下几个关键组件：一是数据存储层，主要负责存储各种类型的数据。这一层通常基于分布式文件系统，如 Hadoop HDFS、Amazon S3、Azure Data Lake Storage 等。二是数据管理层，包含元数据管理和数据编目系统，用于跟踪和管理存储在数据湖中的数据。Apache Atlas 和 AWS Glue 是常用的元数据管理工具。三是数据处理层，用于处理和转换数据，支持批处理、流处理和交互式查询。常见工具包括 Apache Spark、Flink、Hive 等。四是数据安全和治理层，提供数据安全、隐私保护和合规性管理，确保数据湖中的数据安全可靠。包括数据加密、访问控制和审计等功能。五是数据访问层，用户通过这一层来访问和分析数据湖中的数据。支持多种数据访问方式，如 SQL 查询、机器学习、数据分析工具等。

数据仓库（Data Warehouse）是一个用于分析和报告的系统，专门设计来存储结构化数据。数据在进入数据仓库前需要经过抽取、转换、加载（Extract，Transform, Load, ETL）处理，以确保数据的一致性和质量。

数据湖和数据仓库的对比，如表 3-5 所示。

表 3-5　数据湖和数据仓库的对比

名称	数据结构	数据存储成本	数据处理和查询	数据管理和治理	使用场景
数据湖	支持结构化、半结构化和非结构化数据，数据保留原始状态	通常基于低成本的分布式存储系统，适合存储大量数据	支持批处理、流处理和实时查询，灵活性高	需要额外的管理和治理工具来处理元数据、数据安全和合规性	适用于数据科学、机器学习、大数据分析等需要处理多种数据类型的场景。
数据仓库	主要存储结构化数据，数据需要预先处理和建模	存储成本较高，适合存储高价值的结构化数据	优化了复杂查询和分析性能，适合联机分析处理（Online Analytical Processing, OLAP）工作负载	内置了数据管理和治理功能，数据一致性和质量较高	适用于业务智能、报表生成和数据分析等需要高性能查询的场景。

【数据湖：数据湖在实际应用中的案例分析】||||||||||||||||||||||||||||||||

案例一：大型零售商的数据湖

背景

一家大型零售商希望整合其多个渠道的数据源，包括线上电商平台、线下门店销售、社交媒体互动和物流信息，以进行全面的客户行为分析和库存管理的优化，以期实现销售额的提升和整体运营的稳定高效。

解决方案

数据采集：使用 Apache Kafka 从多个数据源实时采集数据，并将数据存储到 Hadoop HDFS 数据湖中。

数据管理：利用 Apache Atlas 进行元数据管理，确保数据湖中数据的可发现性和可追溯性。

数据处理：通过 Apache Spark 进行数据处理和转换，结合流处理和批处理分析销售趋势和客户行为。

数据访问：数据分析师使用 Presto 进行 SQL 查询，数据科学家使用 Jupyter Notebook 进行机器学习模型训练。

数据安全：实现基于角色的访问控制（Rde-Based Access Control, RBAC），并通过 Kerberos 和 Ranger 进行数据安全管理。

结果

零售商能够更好地了解并掌握客户行为，据此提高库存管理效率，并制定精准的营销策略，提升销售额和客户满意度。

案例二：金融机构的数据湖

背景

一家大型金融机构需要存储和分析来自交易系统、客户服务记录、市场数据和社交媒体的数据，以精准识别潜在的欺诈行为并优化客户服务。

解决方案

数据采集：使用 Flume 和 Sqoop 将结构化数据和非结构化数据导入 Amazon S3 数据湖。

数据管理：通过 AWS Glue 进行数据编目和元数据管理，确保数据的一致性和可发现性。

数据处理：使用 AWS Lambda 和 Kinesis 进行实时流处理，结合 EMR（Elastic MapReduce）上的 Spark 进行批处理分析。

数据访问：数据科学团队通过 Amazon SageMaker 进行机器学习模型的开发和训练。

数据安全：实施 AWS 身份与访问管理（Identity and Access Management, IAM）和密钥管理系统（Key Management Srvice, KMS）进行数据加密和访问控制，确保数据的安全性和合规性。

结果

金融机构能够实时监控交易活动，精准识别和预防欺诈行为，并通过数据驱动的客户服务优化，从而提升整体形象，增强客户对金融机构的信任度、满意度和忠诚度。

数据湖和数据仓库在数据管理领域各有优势，适用于不同的应用场景。数据湖以其灵活性和低成本存储，支持多样化的数据类型和处理方式，为数据科学和大数据分析提供了强有力的支持。而数据仓库则凭借其高性能的查询能力和数据一致性，满足了企业在商业智能和报表生成方面的需求。结合实际应用案例，我们可以看到数据湖在整合多源数据、支持实时和批处理分析、提高企业决策能力方面的巨大潜力。

第4章　云计算与大数据的集成应用

　　本章探讨了云计算与大数据集成应用。首先,介绍了基于云的数据服务与分析能力,包括云数据服务的种类、特点,以及云分析平台的架构设计和功能实现。接着,讨论了云原生技术与大数据结合的优势,包括云原生架构的核心概念、构建高效云原生大数据平台的策略与实践,以及云原生大数据处理的成功案例。

4.1 基于云的数据服务与分析能力

本节概要

本节分析了云数据服务的种类与特点，包括数据库服务（DataBase as a Service, DBaaS）、数据分析服务（Analytics as a Service, AaaS）、数据存储服务（Storage as a Service, STaaS）和集成平台服务（Integration Platform as a Service, iPaaS）。这些服务如何帮助企业高效地处理和管理数据，以及它们在不同场景下的应用案例。

4.1.1 云数据服务的种类与特点分析

云数据服务正在重塑企业处理和管理数据的方式。它们提供了多种服务类型，包括数据库服务、数据分析服务等，以满足不同用户的需求。

DBaaS 是一种基于云计算的数据库服务模式，允许用户在云端创建、管理和扩展数据库，而无需担心底层基础设施的管理和建设。数据库服务就像是一个云端图书馆，用户可以随时借阅和归还图书，而不必担心图书馆的建筑、书架的稳固性或管理系统的维护。数据库服务提供自动备份、恢复、更新和扩展功能，减轻了运维负担。通过云提供商的基础设施，确保数据库的高可用性和按需扩展能力。该服务支持关系型数据库（如 Amazon RDS、Azure SQL Database）和非关系型数据库（如 Amazon DynamoDB、MongoDB Atlas）。数据库服务的快速部署和低维护成本特性，适合不具备专业数据库管理团队的中小企业。同时，其灵活的扩展性和高可用性，也能够满足大型企业在大规模数据处理和高并发访问方面的需求。

AaaS 是一种在云端提供的数据分析解决方案，允许用户收集、处理和分析可视化数据。数据分析服务就像是一位数据炼金术士，它能够将各种原始数据转化为有价值的洞见，就像炼金术士将普通金属变成黄金。数据分析服务提供从数据收集、清洗、分析到可视化的一站式解决方案，与其他云服务（如存储和计算服务）紧密集成，形成强大的分析平台。支持流数据处理，提供实时分析和快速决策支持。营销团队可以通过分析客户行为数据，绘制客户画像，并在了解客户偏好的基础上制定精准的营销策略。业务分析师可借助数据分析服务快速生成业务报表，以辅助决策。

STaaS 是一种在云端提供的数据存储解决方案，允许用户根据需要存储和管理海量数据。数据存储服务就像一个没有空间限制的仓库或保险库，用户可以随心所欲地存放各种重要物品，而不必担心空间不足或安全问题。云端服务会为用户解决所有后顾之忧。

在存储容量方面，STaaS 可以根据需求弹性扩展，支持从几 GB 到几 PB 的数据存储。它提供数据加密、访问控制和数据备份，以确保数据安全。在技术层面，支持对象存储（如 Amazon S3）、块存储（如 Azure Blob Storage）和文件存储（如 Google Cloud Filestore）。开发者可以利用其存储应用程序的媒体文件、日志文件等。企业可以利用其进行数据备份和归档，以满足合规性要求。

IPaaS 是一种云服务，允许用户集成不同的系统、应用和数据源，确保数据的流动性和一致性。数据集成服务就像是一座桥梁，连接起不同的数据孤岛，确保信息的流通和共享。它提供多种连接器，支持集成不同的应用和数据源，并支持数据的转换、清洗和合并，以确保数据的一致性和质量。同时，IPaaS 支持实时数据同步和批量数据传输，满足不同场景的需求。企业 IT 部门可以借助它集成 ERP、CRM 等不同系统的数据，确保数据的一致性和流动性，为业务决策提供强有力的数据支持。数据分析团队也可以利用它汇集不同数据源的数据，进行综合分析。

【案例分析】

案例一：数据库服务在电商平台中的应用

背景

一家电商平台需要一个高可用性和高扩展性的数据库系统来处理每日数百万次的交易请求和用户查询。

解决方案

选择关系型数据库服务 Amazon（Relational Database Service, RDS），利用其自动化管理、高可用性和弹性扩展能力来应对高并发的交易请求。

结果

电商平台能够轻松应对促销活动期间的流量高峰，确保系统的稳定运行，并且通过自动备份和恢复功能提高了数据的安全性。

案例二：数据分析服务在金融公司的应用

背景

一家金融公司希望通过大数据分析来识别市场趋势和投资机会，优化投资策略。

解决方案

使用 Google BigQuery（Google 推出的一项数据分析服务），结合实时流数据处理，快速分析市场数据和客户交易行为。

结果

金融公司能够实时获取市场洞见，优化投资组合，提高了投资回报率，并通过数据分析发现了潜在的市场机会。

云数据服务通过提供多样化的解决方案，满足了不同用户的需求。从数据库服务的高可用性和弹性扩展，到数据分析服务的实时洞见，从数据存储服务的安全存储，到数据集成服务的无缝连接，各种云数据服务在各行各业中展现了其强大的能力和广泛的应用前景。无论是企业还是个人，选择合适的云数据服务都能够显著提升数据处理和管理的效率，推动业务发展。

4.1.2 云分析平台的架构设计与功能实现

在讨论云分析平台的架构设计时，我们应当深入考虑实时分析和批处理分析两种不同的需求。这两种需求均旨在帮助用户从海量大数据中提取有价值的信息，但它们在实现方式和功能层面存在细微差异。

4.1.2.1 云分析平台的架构设计

云分析平台的架构设计通常包括以下几个关键组件:

1. 数据采集组件:负责从不同的数据源收集数据,包括结构化数据、半结构化数据和非结构化数据,以确保数据的全面性和准确性。

2. 数据存储组件:用于安全、高效且可扩展地存储采集到的数据,实现高可用性和可扩展性的存储方案。

3. 数据处理组件:提供实时处理和批处理引擎,用于对数据进行处理、转换和分析。

4. 数据管理和调度组件:负责管理和调度数据处理任务,监控系统性能,并确保任务的顺利执行。

5. 数据访问和可视化组件:提供用户界面,使用户能够访问数据、运行分析任务,并以直观的方式呈现分析结果。

4.1.2.2 实时分析

实时分析是一种对数据流进行快速处理和分析的方法,它能够及时发现和响应数据的动态变化,从而确保用户在短时间内做出决策。以下是实现实时分析功能的关键步骤和组件。

1. 实时数据采集:使用流式数据采集工具,如 Apache Kafka、AWS Kinesis 等,从数据源实时收集数据流。

2. 高效数据存储:将实时数据存储在高性能、低延迟的数据存储引擎中,如 Apache Cassandra 或 AWS DynamoDB。

3. 实时处理引擎:使用实时数据处理引擎,如 Apache Storm 或 Apache Flink,对实时数据流进行处理和分析。

4. 直观数据可视化:将实时分析结果通过实时监控仪表盘或可视化工具展示给用户,如 Grafana 或 Kibana。

综上所述,实时分析功能的实现可以帮助用户及时发现数据变化和趋势,从而快速做出反应和决策。以一家电商公司为例,企业可以利用实时分析功能监控网站流量和用户行为,及时调整营销策略和商品推荐,帮助提高运营效率,提升经营效益,最终实现企业利益最大化。

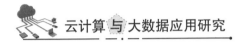

4.1.2.3 批处理分析

批处理分析是一种针对大规模数据集进行离线处理和分析的方法，通过这种方法可以获得更深入的洞见和模式。以下是实现批处理分析功能的关键步骤和组件：

1. 数据采集：使用 ApacheFlume、AWSDataPipeline 等批处理数据采集工具，定期从数据源收集数据。

2. 数据存储：利用 Apache Hadoop HDFS 或 AWS S3 等，将批处理数据存储在低成本、高容量的数据存储引擎中。

3. 批处理处理引擎：使用 Apache Spark 或 AWS EMR 等批处理处理引擎对批处理数据进行处理和分析。

4. 数据管理和调度：使用调度工具，如 Apache Oozie 或 AWS Data Pipeline 等，管理和调度批处理任务的执行。

5. 数据可视化：利用 Tableau 或 Power BI 等可视化工具，将数据分析结果通过图表、报告等直观的形式展示给用户。

批处理分析功能的实现可以帮助用户深入挖掘数据的潜在价值和洞见。这一技术广泛应用于各行各业，包括零售、金融、医疗等多个领域。以一家零售企业为例，它可以利用批处理分析功能分析历史销售数据，了解产品销售趋势和客户行为，从而制定更有效的市场营销策略，提升企业的营业额和盈利能力。

4.1.2.4 从大数据中提取价值

那么，如何帮助用户从大数据中提取价值？需要借助云分析平台的实时分析和批处理分析等功能来实现。帮助用户从大数据中提取价值的主要方式有以下几种。

1. 快速响应：通过实时分析功能监控数据的细微变化，能够及时发现数据变化的趋势和规律，帮助用户快速做出反应和决策，从而确保能够抢占市场先机。

2. 深入洞见：批处理分析功能能够对大规模数据集进行深入挖掘和分析，发现隐藏在数据背后的模式和关联。这一过程能够帮助用户对全局有一个更加全面

和深刻的理解，从而为用户的规划和决策提供有力支撑。

3.决策支持：通过数据可视化工具展示分析结果，使用户能够通过图表、报告等直观地理解数据及其背后的含义，从而做出更明智的决策。

4.持续优化：云分析平台提供持续优化的功能，帮助用户不断改进分析流程和模型，显著提高数据价值提取的效率和准确性。同时，这也促进了企业数据分析能力的提升，为企业的长远发展奠定了坚实的基础。

总的来说，云分析平台的架构设计和功能实现为用户从大数据中提取价值提供了强大的支持。无论是实时分析还是批处理分析，这些功能都能够帮助用户及时发现数据变化、深入挖掘数据的潜在价值，并做出更明智的决策，从而推动业务的发展和创新。

4.2 云原生技术与大数据的结合

本 节 概 要

本节讨论了云原生技术与大数据结合的优势和实践。云原生技术，包括容器化、微服务和自动化，为大数据应用带来了灵活性、高可用性、效率提升和资源优化等优势。本节还分享了构建高效云原生大数据平台的策略，以及Kubernetes在大数据场景中的应用和最佳实践。

4.2.1 云原生架构的核心概念与优势分析

在数字化时代，数据是企业发展的核心驱动力，而云原生架构则被认为是释放数据力量的新引擎，不断推动企业的大数据应用进程。它不仅提供了灵活、高效的架构设计，还通过容器化、微服务和自动化等技术手段，为大数据应用注入了前所未有的动力。下文将深入探讨云原生架构的基本概念，并分析这些技术如何为大数据应用带来优势。

4.2.1.1 云原生架构的基本概念

1. 容器化：数据的随身行李箱

容器化是云原生架构的基石之一，它将应用程序及其所有依赖项打包到一个独立的、可移植的容器中，实现了应用程序在不同环境下运行的一致性和稳定性。可以将容器视为数据的随身行李箱，无论在哪里部署，都能确保数据的安全性和完整性。例如，一家电商公司的商品推荐系统，利用容器化技术将推荐算法和数据存储打包成容器，无论是在本地服务器还是在云端环境，该系统都能轻松部署和运行，公司无需担忧数据的泄露，同时能够实时为用户提供个性化商品推荐服务。

2. 微服务：数据的拼图游戏

微服务是将应用程序拆分成小型、独立的服务单元，每个单元都专注于一个特定的业务功能，并通过轻量级通信机制进行交互。这就好比将数据拆分成拼图一样的碎片，每个微服务就像是拼图中的一块，通过组合拼接可以构建出完整的画面。举例来说，一家社交媒体平台利用微服务架构将用户管理、内容管理、消息推送等功能拆分成独立的服务，通过灵活组合，快速响应用户需求，让用户享受到更为高效和稳定的服务体验。

3. 自动化：数据的智能管家

自动化是云原生架构的显著特点之一，它通过自动化部署、监控、扩展和修复等功能，实现了对数据操作的智能化、精细化管理。就像是给数据配备了一个智能管家，能够自动处理各种烦琐的管理任务，使数据运行更加高效、稳定。比如，一家金融机构利用自动化技术实现了对交易数据的实时监控和异常处理，及时发现并修复交易故障，保障交易系统的稳定运行。

4.2.1.2 云原生架构为大数据应用带来的优势

1. 灵活性。云原生架构通过容器化和微服务，使大数据应用能够更加灵活地部署和扩展。可以根据实际需求动态调整资源，不再受限于单一的硬件环境。容器化技术在其中扮演着至关重要的角色，它将大数据应用程序及其所有依赖项打

包到一个独立的、可移植的容器中。这意味着这些应用不再像过去那样紧紧束缚于特定的硬件环境，而是如同一个个灵活的"盒子"，可以在不同的服务器、数据中心甚至是云平台之间轻松迁移。例如，一个大数据分析应用可以在本地服务器上开发和测试，然后迅速部署到云环境中，无需担心兼容性问题。而微服务架构则进一步增强了这种灵活性。将大数据应用拆分成多个微小的服务模块，每个模块都可以独立部署、扩展和管理。这使系统的更新和维护变得更加便捷。当业务需求发生变化时，可以有针对性地对某个微服务进行调整和扩展，而不会影响整个系统的运行。这就像是一台复杂的机器，其中的各个零部件可以单独进行更换和升级，而不影响机器的整体运转。

在实际场景中，当面临用户访问高峰、数据量暴增时，云原生架构能够迅速响应。通过增加容器的数量或为微服务分配更多的计算、存储和网络资源等方式，动态调整资源，以满足用户需求的变化。而在低谷时期，又可以灵活地回收多余的资源，实现成本效益的最大化。以电商平台的大数据分析系统为例，在购物节等流量高峰期，云原生架构可以快速部署更多的容器来处理海量的数据请求，确保系统的稳定性和响应速度。而在日常运营过程中，则可以根据实际的业务量动态调整资源，有效降低运营成本。

2.高可用性。自动化技术能够实现对大数据应用的自动监控和修复，提高系统的可用性和稳定性。在大数据应用这一庞大而复杂的系统中，自动化监控如同无数双敏锐的眼睛，时刻注视着系统的每一个角落。它能够实时检测各项关键指标，比如服务器的负载、网络的流量、数据的处理速度等。一旦发现任何异常情况，这些"眼睛"会立刻发出警报，使相关人员能够第一时间知晓。而自动修复功能则像是一位经验丰富的医生，能够迅速对系统的"病症"进行诊断和治疗。

当系统出现一些常见的故障或问题时，自动化技术可以根据预设的规则和策略，自动采取相应的措施进行修复，保障业务的持续运行。例如，当某个服务器出现故障时，自动化技术可以自动将任务转移到其他正常的服务器上，确保数据处理不会中断。或者当网络出现拥堵时，它可以自动调整数据传输的路径和方式，保证数据的流畅传输。这种自动监控和修复的能力极大地提高了系统的可用性和稳定性。

在实际应用过程中，即使遇到突发的硬件故障、软件错误或者网络中断等问题，自动化技术也能够迅速做出反应。它可以在极短的时间内启动备份系统、恢复数据、重新分配资源等操作，从而让系统快速地从故障中恢复过来。例如，在一个金融大数据分析平台中，如果出现服务器宕机的情况，自动化技术会立即启动备用服务器，并将数据和任务无缝转移，确保金融交易和数据分析能够持续进行，不会因为短暂的故障而影响平台的交易和其他业务的开展。这样一来，不仅保障了业务的持续运行，也避免了可能带来的巨大经济损失和声誉风险。再如，在一个大型电商平台的大数据系统中，自动化监控可以实时监测用户的访问量和交易数据。当出现流量高峰导致系统负载过高时，依据预先设定的策略，自动化技术可以迅速增加服务器资源、优化数据库配置等，保证数据处理不断，从而保障用户的购物体验不受影响。

3.效率提升。通过容器化和微服务，大数据应用的开发和部署过程变得更加高效。不仅可以实现快速迭代，还能够降低维护成本，提升团队的工作效率。

首先，容器化使得大数据应用的开发环境与部署环境高度一致。开发人员可以在本地构建容器化的开发环境，确保所开发的应用在部署到生产环境时能够无缝运行。这大大减少了因环境差异引发的问题和调试时间。当需要进行版本更新升级时，只需更新容器内的应用代码，然后快速部署即可实现功能的迭代升级。例如，一个大数据分析工具的新功能开发完成后，可以迅速打包到容器中，并部署到生产环境，让用户能够快速体验到新功能的变化和便利。

其次，微服务架构将大数据应用拆分成多个独立的服务模块。每个微服务都可以由不同的团队或开发人员独立开发、测试和维护，极大地提高了开发效率。而且，当某个微服务需要更新或改进时，不会影响其他微服务的正常运行，从而降低了更新带来的风险和影响范围。

再次，容器化和微服务的组合能够显著降低维护成本。由于每个微服务都相对较小且独立，维护起来更加简单。当出现问题时，可以快速定位到具体的微服务，并有针对性地进行修复，而不需要对整个庞大的系统应用进行大规模排查。同时，容器的可移植性使得应用的迁移和扩展变得轻而易举，无论是在本地服务器还是云环境中，都能轻松部署和管理。

在实际工作中，这种高效的开发和部署模式极大地提升了团队的工作效率。开发团队可以更快速地推出新的功能和改进，运维团队可以更轻松地管理和维护系统。通过不断地快速迭代和优化，大数据应用能够更好地满足用户的需求和业务的发展。

4. 资源优化。云原生架构能够根据实际需求自动调整资源分配，最大程度地利用资源，提高数据处理的效率和性能，从而实现资源的动态管理和优化。在云原生环境中，资源的动态管理就像是一位智慧的调度员。他时刻监控系统中各项资源的使用情况，包括计算资源、存储资源、网络资源等。通过实时获取的数据，他能够精准地了解当前系统对资源的需求。当实际需求发生变化时，比如数据量突然增大，或者业务访问量急剧上升，云原生框架会根据预设的策略和算法，自动调整资源的分配，可能会增加计算资源的供给，让更多的中央处理器（Central Processing Unit, CPU）核心参与数据处理；也可能会扩充存储容量，以容纳更多数据；或者优化网络配置，确保数据传输的高效和稳定。

这种动态调整资源分配的能力可以最大程度地利用资源。在业务低谷期，资源可以被合理地回收和重新分配，避免资源的闲置和浪费。而在业务高峰期，又能及时提供足够的资源来满足需求，确保系统不会因为资源不足而出现性能瓶颈。以大规模数据处理任务为例，一开始可能只需要少量资源来进行预处理。但随着业务量的增长和数据处理的深入，需要更多的计算能力来进行复杂的分析和计算。云原生架构能够自动感知到这种需求的变化，并及时调配更多资源来支持数据处理，从而提高数据处理的效率。

同时，资源的动态优化还体现在对资源的精细管理上。它可以根据不同应用和服务的特点与需求，进行针对性的资源分配和优化。例如，对于一些对实时性要求较高的服务，可以优先分配更多的网络带宽和计算资源；而对于一些非关键的后台任务，则可以适当减少资源的分配。此外，这种动态管理和优化还可以与智能算法和机器学习技术相结合。通过对历史数据和实时数据的分析，可以预测未来的资源需求趋势，并提前进行资源的调配和优化，从而进一步提高资源利用效率和数据处理性能。

综上所述，云原生架构通过容器化、微服务和自动化等技术手段，为大数据应用带来了灵活性、高可用性、效率提升和资源优化等优势，帮助企业在数据时代中获得更大的竞争优势。

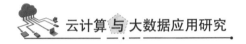

4.2.2 构建高效云原生大数据平台

构建一个高效稳定的云原生大数据平台是当今众多企业追求的目标之一。Kubernetes 作为一个开源的容器编排平台，在大数据场景中有着广泛的应用和最佳实践。下面我们将讨论如何构建一个高效的云原生大数据平台，并重点关注Kubernetes 在其中的应用和最佳实践。

4.2.2.1 高效云原生大数据平台的构建策略

1. 架构设计

（1）微服务架构：将大数据应用拆分成小型、独立的微服务，每个微服务专注于一个特定的功能，从而提高系统的灵活性和可维护性。将大数据应用拆分后形成的一个个小型、独立的微服务，就如同复杂机器中的各个精巧零件。每个微服务都有明确的职责和功能边界，它们只需专注于自己所负责的那部分特定功能即可。这种高度的功能独立性带来了诸多好处。

首先，它提高了系统的灵活性。当需要对某个功能进行修改或扩展时，只需要针对相应的微服务进行操作，而不会对其他微服务产生影响。比如，如果要改进数据采集功能，只需专注于负责数据采集的微服务，而不用担心会干扰到数据分析或数据存储等其他微服务。

其次，系统的可维护性得到了增强。由于每个微服务都相对较小且功能单一，使得对其进行维护和管理变得更加简单和直观。开发人员可以更深入地理解和掌握每个微服务的内部逻辑和运行机制，从而更高效地进行故障排查和修复。例如，在一个大数据分析平台中，可以将数据预处理、模型训练、结果可视化等不同功能拆分成独立的微服务。这样，当需要更新模型训练算法时，只需对负责模型训练的微服务进行修改，而不会影响其他部分的正常运行。而且，微服务之间通过明确的接口进行通信和协作，这使得不同微服务的组合和集成变得更加容易。可以根据业务需求灵活地调整微服务的数量和组合方式，以适应不同的应用场景和业务变化。

在实际应用中，微服务架构使大数据应用能够更好地应对不断变化的业务需求和技术挑战。它为企业提供了一种更加敏捷、高效和可扩展的开发和运维

模式，有助于提升整个大数据系统的竞争力和创新能力，从而增强企业的综合实力。

（2）容器化部署：使用 Docker 将每个微服务打包成独立的容器，这一操作实现了环境一致性和快速部署。

（3）数据存储和处理层：选择适合大数据应用的存储和处理技术，如 Hadoop、Spark、Kafka 等，确保数据的高可靠存储和高性能的处理能力。

2. 自动化运维

（1）Kubernetes 集群管理：利用 Kubernetes 进行容器编排和集群管理，实现自动化部署、伸缩和故障恢复，提高系统的可靠性和稳定性。

（2）持续集成/持续部署（Continuous Integration, CI/Continuous Deployment, CD）：采用 CI/CD 工具自动化构建、测试和部署流程，加速应用程序的交付和迭代。

3. 监控和调优

（1）日志和指标监控：利用日志和指标监控系统，实时监控系统的运行状况和性能指标。一旦系统出现任何异常状况，我们能够及时发现并解决潜在问题，从而避免对系统正常运行的影响。

（2）资源调优：根据监控数据对系统资源进行实时动态调优，提高系统的资源利用率和性能，使系统性能处于最佳状态，最终提升系统的数据处理能力和响应速度。

4. 安全和权限管理

（1）容器安全：采用容器安全解决方案，对容器进行安全扫描和漏洞修复，防止恶意攻击和非法入侵，确保容器的安全性。

（2）身份认证和访问控制：实现对系统资源的严格访问控制和权限管理，对用户进行身份验证，并根据用户的权限，限制其对系统资源的访问和操作，防止未经授权的访问和操作，保护系统的安全性和稳定性。

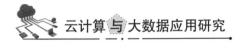

4.2.2.2 Kubernetes 在大数据场景中的应用和最佳实践

1. 弹性伸缩

利用 Kubernetes 的自动伸缩功能，根据负载自动调整集群中的节点数量和资源分配，以满足大数据在不同场景中的动态需求。

2. 故障恢复

通过 Kubernetes 的故障自动恢复机制，实现对大数据应用的自动故障检测和快速恢复，提高系统的可靠性和稳定性。

3. 灵活部署

利用 Kubernetes 的灰度发布和滚动更新功能，可以在不中断服务的前提下，实现对大数据应用的灵活部署和版本升级管理。这种部署方式在简化迭代升级流程的同时，减少了风险发生的可能性，确保了系统的稳定性和可用性。

4. 资源管理

通过 Kubernetes 的资源管理功能，可以对大数据应用的资源进行动态调度和管理，从而实现资源的最大化利用和性能优化。

构建一个高效的云原生大数据平台，需要综合考虑架构设计、自动化运维、监控与调优、安全与权限管理等方面的因素。Kubernetes 作为一个强大的容器编排平台，在大数据场景中的应用和最佳实践可以帮助企业实现容器化部署、弹性伸缩、故障恢复和资源管理等目标，从而提高大数据应用的效率和可靠性。同时，这还可以大幅降低运营维护的成本，提高系统运维的效率，助力企业实现数字化转型和业务创新。

4.2.3 云原生大数据处理的成功案例分享

当提及云原生大数据处理的成功案例时，有几个备受瞩目的案例值得我们深入分析。这些成功案例展示了企业如何利用云原生技术来处理大规模数据，并取得了显著的成就。下面我们就结合几个典型的案例，分析其成功之处以及对其他企业组织的启示。

4.2.3.1 Netflix

Netflix 是云原生大数据处理的一个典型成功案例。作为全球最大的在线视频流媒体服务提供商之一，Netflix 每天处理数十亿条数据，包括用户的观看记录、评分、喜好等。Netflix 利用云原生技术，如 Kubernetes、Apache Kafka、Apache Spark 等，构建了高度可扩展、高可用的大数据处理平台，实现了水平扩展和弹性伸缩。通过大数据分析技术，Netflix 能够根据用户的观看历史和偏好，为用户推荐个性化的视频内容，提高了用户的体验满意度和留存率。Netflix 不断尝试和采用新的云原生技术，保持了在大数据处理领域的领先地位。

4.2.3.2 滴滴

滴滴是一家全球领先的网约车服务提供商，每天处理数十亿条实时数据，包括车辆位置、乘客订单、路况等。为了实现实时数据处理和分析，滴滴采用了云原生技术，如 Kubernetes、Apache Kafka、Apache Flink 等，构建了高度可靠、高性能的大数据处理平台。他们能够实时监控车辆位置和订单情况，优化车辆调度和路线规划，同时能够应对高并发和大规模数据处理的挑战，提高了服务质量和效率。在实际运营中，滴滴不断尝试和采用新的云原生技术，保持了在大数据处理领域的领先地位。

4.2.3.3 Airbnb

Airbnb 是一家知名的在线房屋租赁平台，每天处理包括房屋信息、用户评论、预订记录等在内的数十亿条数据。为了实现个性化推荐和预测分析，Airbnb 采用了云原生技术，如 Kubernetes、Apache Hadoop、TensorFlow 等，构建了高度可扩展、智能化的大数据处理平台。该平台能够根据用户的偏好和行为，为用户推荐符合其需求的房源，并预测房屋租赁的趋势和需求，从而优化房屋管理和价格调整，提高用户体验和满意度。Airbnb 不断尝试和采用新的云原生技术，保持了在大数据处理领域的领先地位。

4.2.3.4 数禾科技

数禾科技与阿里云的云原生团队深度合作，联合打造了全新的数禾 AI 推理服务平台。该平台基于阿里云无服务器架构（Serverless）容器服务，无需购买

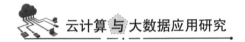

K8s 节点即可直接部署，也无需对 K8s 集群进行节点维护和容量规划。此外，通过 ASK Knative 服务，有效解决了数禾模型的灰度发布和多版本并存问题。目前，该系统已上线部署数百个 AI 模型服务，每天能够提供数亿次查询决策服务，ASK 的实时弹性扩展能力帮助数禾节约资源成本约 60%。

4.2.3.5 智联招聘

智联招聘在业内率先完成全面容器化改造，并与阿里云联合设计"分布式云容器平台 ACK One+IDC 统一调度方案"。该方案帮助智联招聘释放了 Serverless 技术的红利，提高了应用系统的更新迭代效率。

4.2.3.6 申通通用云原生计算平台

由阿里云提供技术服务的申通通用云原生计算平台采用了云原生技术，实现了资源的高效利用和弹性扩展。该平台能够快速响应业务需求的变化，提高了申通的业务处理能力和效率。

4.2.3.7 民生银行场景化数据服务中台

中国民生银行的场景化数据服务中台基于云原生技术构建，实现了数据的实时处理和分析。该中台为民生银行提供了更为智能的数据分析和决策支持，提升了银行的业务竞争力。

4.2.3.8 农业大数据平台

某大型农机集团通过云原生技术的升级，平台突破了原有系统的性能瓶颈，将每秒处理能力从 200 万次提升至 500 万次，设备接入速率从 200 Mb/s 提升至 500 Mb/s，满足了大规模设备接入的需求。

以上成功案例为其他组织提供了以下几点启示。

1. 关注技术趋势。云原生技术是当前云计算领域的重要发展趋势，组织应关注并积极探索云原生技术在大数据处理中的应用。

2. 以业务需求为导向。大数据处理项目应紧密结合业务需求，以解决实际业务问题为目标，避免为技术而技术。

3. 加强团队协作。云原生技术涉及多个领域的知识和技能，需要组织内部不同部门之间的协作和配合，同时也需要与外部技术团队合作。

4. 注重数据治理和安全。大数据处理需要建立有效的数据治理和安全保障机制，确保数据的质量和安全。

5. 持续创新和优化。云原生技术和大数据处理都在不断发展和演进，组织应持续创新和优化，以适应不断变化的业务需求和技术环境。

6. 利用 Serverless 优势。Serverless 架构可以带来成本效益和运维简化，组织应考虑如何利用 Serverless 模型优化其数据处理流程。

7. 实现自动化和智能化。自动化的数据处理和智能化分析可以极大提升数据处理的效率和质量，组织应积极探索相关技术的应用。

8. 构建开放的技术生态系统。与技术供应商、合作伙伴以及开源社区建立合作关系，可以加速技术创新和问题解决。

9. 强化数据驱动文化。培养数据驱动的决策文化，确保数据分析的见解能够转化为实际的业务行动。

10. 注重用户体验。无论是提供服务还是产品，始终将用户体验放在首位，利用数据分析来不断优化和改进用户体验。

通过这些启示，其他组织可以更好地理解云原生大数据处理的价值，并在自身业务中实施类似的成功策略。

第 5 章　云计算与大数据的创新应用案例

　　本章通过具体的行业案例分析，展示了云计算与大数据技术如何推动行业创新和转型，探讨了智能城市和智能交通的框架与技术应用，并研究了健康医疗和数据驱动决策的实例。这些案例分析了云计算如何帮助不同行业实现更高效的数据处理、更好的客户体验和更明智的决策。

5.1 智能城市与智能交通

本节概要

　　本节探讨了智能城市的建设框架和技术应用，包括物联网（IoT）、大数据分析等技术如何帮助城市管理者全面、实时地掌握城市的各种信息，并据此作出科学的决策。通过智能交通系统的案例，展示了云计算在交通流量分析、拥堵预测等方面的应用，并就这些技术如何提高交通管理的效率和效果进行了说明。

5.1.1 智能城市建设的框架与技术应用

　　在现代社会，城市已成为人类生活和活动的中心。然而，随着人口的不断增长和城市化进程的加速，城市管理正面临着前所未有的挑战，如交通拥堵、环境污染、资源浪费等难题层出不穷。为了解决这些问题，越来越多的城市开始转向智能化建设。城市管理者借助物联网、大数据分析等技术，构建智慧城市，为居民提供更加便捷、安全、舒适的生活环境。

　　2010 年前后，我国一些城市开始探索利用大数据和云计算技术来改善城市管理和服务。其中，北京市在 2012 年启动了"智慧北京"建设，通过整合城市数据资源，成功实现了交通、环境、公共安全等领域的智能化管理。

　　2014 年，国家发展改革委等八部委联合印发了《关于促进智慧城市健康发展的指导意见》，明确提出要利用大数据、云计算等先进技术推动智慧城市建设。此后，越来越多的城市开始将大数据和云计算技术广泛应用于智慧城市建设中。

　　2015 年，国务院印发的《促进大数据发展行动纲要》明确提出要推动大数据在城市建设、社会治理等领域的应用，提升城市管理的效率和公共服务水平。这一政策的出台进一步推动了大数据和云计算在智慧城市建设中的应用。

　　2018 年，中国智慧城市建设进入快速发展阶段，大数据和云计算技术在智能交通、智能能源、智能安防等领域得到广泛应用。例如，杭州市通过建设城市大脑，利用大数据和云计算技术，实现了交通拥堵治理和公共服务优化等方面的智能化。

2020 年，在新冠疫情期间，大数据和云计算技术在疫情防控、物资调配等方面发挥了重要作用。例如，通过大数据分析，可以实时掌握疫情动态，为疫情防控决策提供科学依据；通过云计算技术，可以实现医疗资源的远程调配和共享，提高医疗资源的利用效率。

到 2023 年，中国已经全面进入数字经济时代，在许多领域甚至走在了世界前列，如 5G 和移动支付等。根据国家互联网信息办公室发布的《数字中国发展报告（2022 年）》，2022 年我国数字经济规模达 50.2 万亿元，总量稳居世界第二。数字技术的不断创新和应用，将推动智能技术与实体经济的深度融合，从而加快"数字中国"的建设进程。

1.建设框架：城市的智慧大脑

智能城市，这一前沿构想，如今已不再只是科幻电影中的情节，而是逐步成为现实生活中的一部分。它犹如一个巨大的、充满活力的智慧大脑，时刻在运转、分析、决策，为城市的每一个角落带来前所未有的便捷与高效。而支撑这一智慧大脑稳健运行的，正是一个系统化、科学化的建设框架，这个框架包括以下几个关键要素。

在这个宏大的框架中，物联网技术发挥了重要作用，充当了城市的"感知系统"。这一技术通过各种传感器和设备，如同城市的触觉器官，不断捕捉着各种细微的变化。在交通要道上，交通监测摄像头和车辆传感器实时记录着车流量和路况，确保道路畅通；在公园和街道，空气质量监测器不断检测着 PM2.5、PM10 等污染指数，守护城市的清新；在垃圾桶旁，感应器测量着垃圾的填充情况，助力城市清洁。这些海量的数据，就像是城市的脉搏和呼吸，通过物联网技术被传输到控制中心，使得城市管理者能够全面、实时地掌握城市的各种信息，为城市的智能化运营提供有力支撑。

正如某智能城市在主要路段安装的交通监测设备一样，这些高科技的"眼睛"和"耳朵"不仅帮助管理者了解实时的交通状况，还为他们提供了科学的决策依

据。通过物联网技术，交通信号灯的时间和道路规划得以实时调整，从而有效缓解交通拥堵，提高道路的通行效率。

然而，仅仅收集数据还远远不够，大数据分析技术才是这个智慧大脑中的"思考中枢"。它负责对海量数据进行挖掘和分析，发现其中的规律和趋势，为城市决策提供智能化的支持。就像某智能城市对居民出行行为和偏好进行深入分析一样，大数据分析技术能够帮助管理者洞察先机，制定出更加贴近民生、符合实际的政策措施。

智能控制系统堪称智慧城市的"决策执行者"。该系统接收并处理来自物联网和大数据分析的信息，然后采取相应的措施。在某智能城市的智能灯光控制系统中，这一技术得到了完美的体现。通过实时监测和智能调控，路灯的亮度和开关时间得以精准控制，不仅实现了能源的节约，还为市民创造了更加舒适、安全的夜间环境。

2. 技术应用：智慧城市的生动图景

在这个智慧城市的生动画卷中，我们可以清晰地看到物联网、大数据和智能控制等技术如何被巧妙地运用在各个领域中。

在交通管理方面，物联网技术和大数据分析的结合使得交通管理变得更加智能和高效。通过实时监测和分析交通数据，管理者能够精准地掌握城市的交通状况，从而进行科学的交通规划和调度。这不仅有助于缓解交通拥堵问题，还能提高交通系统的整体效率，为市民创造更加便捷的出行环境。

在环境保护领域，物联网技术的应用同样广泛。空气质量监测设备和噪声传感器的安装使得城市管理者能够实时监测环境状况，并采取相应的保护措施。通过大数据分析技术对环境数据进行深入挖掘和精准分析，管理者可以及时发现环境污染的源头和趋势，从而采取有效的治理措施，为改善环境质量提供有力支持。

城市安全也是智慧城市建设中不可忽视的一环。物联网技术与大数据分析的结合为城市安全提供了有力的保障。通过智能安防监控系统的建立，以及人脸识别和行为分析技术的应用，城市管理者能够实时监测和预警各种安全事件，从而增强城市的安全防护和应急响应能力。这种技术的应用不仅提高了城市的安全系

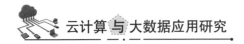

数，还为市民创造了更加安心、舒适的生活环境。

总之，智慧城市的建设框架及其技术应用共同构成了一个高效、便捷、安全的现代化城市体系。在这个体系中，物联网、大数据和智能控制等技术发挥着举足轻重的作用，为城市的可持续发展注入了强大的动力。

5.1.2 云计算在智能交通系统中的应用实例

在智能交通系统中，云计算发挥着举足轻重的作用。凭借其强大的计算和存储能力，云计算为交通管理提供了更加高效和智能的解决方案。

以下是一个具体案例，展示了云计算如何帮助智能交通系统进行交通流量分析、拥堵预测等，并提高交通管理的效率和效果。

【案例：城市 X 的智能交通系统】||||||||||||||||||||||||||||||||||

1. 数据采集与存储

城市 X 的智能交通系统部署了大量的传感器和监控摄像头，实时收集道路交通流量、车辆速度、路况信息等大量数据。这些数据通过云计算技术，上传至云端的数据中心进行存储和处理。

2. 数据处理与分析

在云端的数据中心，利用云计算平台进行大数据的高效处理和深度分析。通过实时处理和精准分析交通数据，系统能够快速获取拥堵道路、瓶颈路段等信息，并进行交通流量预测和拥堵预警，从而最大限度地保持交通畅通。

举例：当某一路段的交通流量异常增加时，智能交通系统会立即发出预警，提醒交通管理部门采取相应的措施，如调整信号灯时间、引导交通等，以缓解拥堵，确保道路畅通。

3. 实时监控与调度

云端的智能交通管理平台能够实时监控整个城市的交通状况，并根据数据分析结果进行智能调度和指挥。交通管理人员可以通过移动终端或电脑端的应用程序，随时随地监控交通动态，并及时做出相应的决策。

举例：当某一路段出现交通事故或拥堵时，交通管理人员可以通过智能交通系统迅速调度交通警察和救援人员前往现场处理，以保障交通安全和通畅。

4. 数据共享与应用

智能交通系统将实时交通数据和分析结果共享给市民和驾驶员，通过手机应用程序（Application, App）或电子路牌等方式，提供实时交通信息和路况提示，帮助市民规划出行路线，避开拥堵路段。

举例：驾驶员通过手机 App 查询即将经过的道路是否拥堵，根据实时交通信息选择更加畅通的行驶路线，从而提高出行效率。

5. 优势和效果

通过云计算在智能交通系统中的应用，城市 X 取得了以下优势和效果。

实时响应：云计算使交通数据能够实时上传、处理和分析，使交通管理部门能够及时响应交通事件和拥堵情况，迅速采取措施。

智能决策：通过大数据分析，交通管理部门可以准确预测交通拥堵和瓶颈路段，制定更加智能的交通管理策略，提高交通管理的效率和效果。

信息共享：云计算使交通数据和分析结果能够及时共享给市民和驾驶员，提供实时交通信息和路况提示，帮助市民规划出行路线，减少交通拥堵和事故发生的可能性。

5.2 健康医疗与数据驱动的决策

本节概要

本节讨论了健康医疗大数据的收集、整合与分析的过程，以及云计算在医疗数据分析与预测中的应用。介绍了医疗健康大数据如何服务于临床研究、疾病预防、健康管理等领域，以及云计算如何提供必要的计算能力和存储空间，支持医疗数据分析，从而帮助医疗机构优化资源分配和提升服务质量。

5.2.1 健康医疗大数据的收集、整合与分析

20 世纪 70 年代，美国医疗保健研究与质量局（The Agency for Healthcare Research and Quality, AHRQ）开始收集和分析医疗数据，这被认为是健康医疗大数据的起源。

20 世纪 90 年代，随着互联网和信息技术的普及，医疗数据的收集和分析变得更加便捷和高效。

21 世纪初，健康医疗大数据开始应用于临床研究、疾病预防、健康管理等领域。例如，一些医疗机构开始使用电子病历系统，收集患者的临床数据。

2010 年以后，随着大数据技术的不断发展，医疗健康大数据的应用逐渐普及。例如，在疾病诊断方面，大数据分析可以帮助医生更准确地诊断疾病；在药物研发方面，大数据可以加速药物研发进程。

2020 年新冠疫情期间，大数据在疫情监测、防控和治疗等方面发挥了重要作用。例如，通过分析疫情数据，政府可以制定更有效的防控措施；医疗机构可以利用大数据优化医疗资源的分配。

近年来，我国政府也出台了一系列政策，推动医疗健康大数据的发展。例如，2016 年国务院办公厅发布了《关于促进和规范健康医疗大数据应用发展的指导意见》，提出要加强健康医疗大数据的应用和发展。

在健康医疗领域中，大数据就像是一座庞大的图书馆，里面收藏着数以亿计的书籍，每本书都代表着一个患者的医疗数据。这些书籍中包含了电子病历、医学影像、实验室检验结果等各种信息，记录着每个患者的疾病史、诊断过程、治疗方案以及疾病发展的轨迹。

首先，大数据的收集和整合是所有工作的基础，就像是将这座图书馆中的所有书籍按照一定的规则进行整理、分类、编目，并建立一个系统化的检索系统。这个过程包括从不同的医疗机构、医生诊所、实验室等地收集数据，对数据进行标准化处理，确保数据的质量和一致性，最终将其整合到一个统一的平台或数据库中进行存储，以便于调取。

然后，对电子病历、医学影像等数据进行深入分析，就像是在这座图书馆中进行研究和分析。医疗专业人士可以利用各种数据分析工具和技术，对大数据进行挖

掘和分析，从中发现隐藏在数据背后的规律、趋势和关联性。他们可以通过数据挖掘、机器学习和人工智能等技术，对患者的健康状况进行预测和评估，发现潜在的健康风险因素，进而优化诊断和治疗方案，并为患者提供个性化的医疗服务。

总的来说，健康医疗领域中的大数据收集和整合过程就像是建立一座庞大的图书馆，而对电子病历、医学影像等数据进行深入分析则是在这座图书馆中进行研究和探索，以实现对患者健康状况的全面、精准管理和治疗。

在健康医疗领域，大数据的收集和整合是一个复杂且重要的过程。这一过程涉及从多个来源获取大量的医疗数据，并将这些数据整合到一个统一的平台或数据库中，以支持医疗决策、研究和提升医疗服务的质量。

数据可以来自多个渠道，包括医院、诊所、实验室、保险公司、移动医疗应用程序等。这些数据涵盖了患者的基本信息、病历记录、实验室检查结果、医学影像、用药记录等。数据的收集方式可以是自动化的，例如通过电子医疗记录系统；也可以是手动的，例如从纸质病历中提取关键信息。

一旦数据收集完成，就需要对数据进行整合和标准化处理，以确保数据的一致性和高效利用。这包括清洗数据、去除重复项、统一数据格式和命名规范等。整合数据的过程可能涉及使用数据集成工具或定制开发软件，将来自不同系统和来源的数据整合到一个集中的数据库或数据仓库中。

待数据整合完成后，就可以利用各种数据分析技术深入研究和理解这些数据。对于电子病历数据，可以使用统计分析、数据挖掘和机器学习等技术来识别患者的疾病风险因素、预测疾病发展趋势、评估治疗效果等。而对于医学影像数据，可以利用图像处理和模式识别技术，自动识别和深入分析影像中的病变和异常，从而辅助医生做出正确诊断和最佳治疗决策。

5.2.2 云计算在医疗数据分析与预测中的应用

云计算技术在医疗数据分析领域的应用，已经显示出其巨大的潜力和价值。它所提供的灵活性、可扩展性、成本效益及高安全性，对提升医疗服务的质量和效率起到了决定性的作用。这项技术不仅为医疗数据分析提供了强大的支持，还极大地推动了医疗服务的创新和发展。接下来，我们将深入探讨云计算在医疗数据分析中的多元化应用及其带来的实际益处。

1. 疾病风险评估

云计算在疾病风险评估方面的应用具有革命性。它提供了必要的计算能力和存储空间，使医疗机构能够处理和分析庞大的医疗数据集。这些数据集可能包括患者的电子病历（Electronic Medical Records, EMRs）、生物标志物、遗传信息、生活方式数据等。通过应用先进的机器学习和数据挖掘技术，医疗机构能够识别出影响患者健康的关键风险因素。

例如，通过分析患者的医疗历史，云计算可以精准预测患者患上特定疾病的概率。这种预测能力对于慢性病的预防和管理至关重要。通过早期发现和及时干预，可以显著降低治疗成本，并显著提高患者的生活质量。

2. 患者健康管理

云计算还改变了患者健康管理的方式。通过云平台，患者的医疗信息能够实时更新、存储并自动同步，医生和护理人员可以随时访问患者的最新健康数据，从而更好地为患者提供便捷和个性化的服务。这种持续的健康管理对于患有多种慢性疾病的患者尤其重要。

此外，云计算平台还支持远程监控解决方案，如可穿戴设备和移动健康应用。这些设备和应用能够实时收集患者的生理数据，并自动同步到云平台。这样，医疗服务提供者就可以远程监控患者的健康状况，及时响应任何紧急情况。

3. 提高医疗服务质量和效率

云计算为医疗服务提供者带来了前所未有的灵活性和可扩展性。随着医疗数据量的不断增长，医疗机构需要能够迅速扩展其计算资源以应对需求的激增。云计算的这种弹性特征使得医疗机构能够根据实际需求调整资源，而不是投资于昂贵的硬件设备。

此外，云计算还降低了医疗机构的 IT 基础设施成本。通过基于云的服务模式，医疗机构可以按需支付服务费用，而不是一次性投资于昂贵的本地系统。这不仅减少了前期的资金投入，还提高了运营效率，使得医疗机构更加专注于医疗服务本身。

数据的可用性和安全性是云计算带来的另一大优势。云服务提供商通常提供

强大的安全措施，包括数据加密、访问控制和网络安全，以保护患者隐私和数据完整性。这不仅符合监管要求，还增强了患者对医疗机构的信任。

云计算还促进了医疗领域内的数据共享和协作。医疗机构可以更容易地与其他医疗组织和研究人员共享数据，共同进行临床探索和疾病研究。这种协作可以加速医疗发现，提高疾病治疗的有效性。

4. 教育和培训

云计算在医学教育和专业培训中同样发挥着重要作用。通过云平台，医学生和医生可以访问丰富的学习资源和最新的医学研究成果。此外，云技术还可以支持远程教学和虚拟实习，使医学教育方式更加灵活和多元化，不受地域和时间的限制，从而提高教育的效率。

随着云计算技术的不断进步，它在医疗数据分析与预测中扮演着更加核心的角色。我们坚信，未来的应用可能包括更高级的预测模型、个性化医疗方案，以及基于人工智能的诊断工具。云计算将继续推动医疗行业向前发展，为患者带来更高质量、更便捷的医疗服务。

总之，云计算在医疗数据分析中的应用已经深入到了医疗服务的各个环节。它不仅提供了强大的计算和存储资源，还在疾病风险评估、患者健康管理、医疗服务质量提升等多个方面产生了深远的影响。随着技术的不断发展，云计算将为医疗领域带来更多创新的可能性，为患者提供更好的医疗护理和服务，为医疗专业人士提供更强大的工具，共同推动健康事业的进步。

可以预见，在未来的医疗领域中，云计算将发挥更加重要的作用，为患者带来更加优质、高效的医疗护理和服务体验，从而推动整个医疗行业的持续进步。

第 6 章　云计算与大数据的市场分析

　　本章对云计算与大数据的全球市场现状、趋势、主要参与者以及行业应用进行了深入分析。首先，概述了全球云计算市场的规模、增长率及主要参与者。接着，分析了大数据市场的行业应用、驱动因素及预测，展示了不同行业是如何利用大数据技术提升业务效率和优化决策的。

6.1 全球市场的现状与趋势

本 节 概 要

　　本节提供了全球云计算市场的详细分析，包括市场规模、增长率及主要玩家。公有云、私有云和混合云的市场份额和发展趋势有所不同，但整体市场预计未来几年将保持快速增长。同时，探讨了市场主要玩家的市场策略，如 AWS、Azure 和 GCP 的竞争策略，以及市场细分与特定领域的机会。

6.1.1 全球云计算市场的规模、增长率及主要玩家

　　截至 2022 年初，公有云、私有云和混合云在企业级市场中均占有一定的市场份额，但它们的市场份额和发展趋势有所不同。

　　公有云是由第三方云服务提供商提供和管理的云计算资源，通过互联网向企业和个人提供服务。公有云在市场上拥有较大的份额，因为它提供了弹性、可扩展和成本效益的解决方案。在公有云领域，AWS、Azure 和 GCP 是三大主要竞争者，其中 AWS 在市场上占据主导地位，Azure 紧随其后，而 GCP 则在市场份额上略显落后。

　　私有云是由单个企业或组织内部部署和管理的云计算资源，通常用于处理敏感数据或需要更高安全性和隐私性的工作负载。尽管私有云的市场份额相对较小，但在一些行业，如金融服务和医疗保健等对数据隐私和合规性要求较高的领域，私有云仍然具有一定的市场需求。一些大型企业，如 IBM、戴尔、惠普等，提供了私有云解决方案。

　　混合云是将公有云和私有云环境结合起来的一种部署模式，允许企业在两者之间灵活地迁移和管理工作负载。混合云正在成为越来越多企业的首选部署模式，因为它兼具公有云的灵活性和私有云的安全性。市场上有一些提供混合云解决方案的厂商，包括 AWS、Azure、GCP 以及一些专门提供混合云解决方案的公司，如 VMware、红帽等。

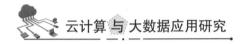

6.1.1.1 全球云计算市场的规模与增长率

云计算市场近年来经历了显著增长，这一趋势预计在未来几年仍将持续。根据2022年初的数据，全球云计算市场的规模已达到数千亿美元。市场研究报告显示，云计算市场的年增长率在过去几年中保持在20%~25%之间，并且这一增长率在新冠疫情爆发后有所加速。这一现象可以归因于疫情防控期间企业加快了数字化转型的速度，以及云服务在支持远程工作和在线业务方面的重要作用。

6.1.1.2 市场主要玩家及其市场策略

在公有云领域，AWS、Azure和GCP是市场上的主要竞争者。AWS凭借其广泛的服务范围和稳固的市场地位占据主导地位。Azure则依托微软在企业软件领域的强大影响力以及其混合云解决方案的优势，紧随其后。虽然GCP在市场份额上略显落后，但在新兴技术领域，如机器学习和数据分析，展现出强劲的发展势头。

私有云市场则由IBM、戴尔和惠普等大型企业提供解决方案，它们通常针对金融服务和医疗保健等对数据隐私和合规性要求较高的行业。

混合云作为一种灵活的部署模式，允许企业在公有云和私有云之间迁移和管理工作负载，正逐渐成为企业的首选。AWS、Azure、GCP以及VMware和红帽等公司都在提供混合云解决方案。

6.1.1.3 市场预测与发展趋势

展望未来，全球云计算市场预计将保持快速增长，预计到2025年市场规模将达到数万亿美元。云计算技术将在金融、制造、零售、医疗保健等多个行业中得到更广泛的应用，推动这些行业的数字化转型和创新。

6.1.1.4 AWS、Azure和GCP的市场地位与竞争策略

AWS作为公有云市场的领导者，不断推出新的服务和功能，如机器学习（ML）、人工智能（AI）和物联网（IoT），以满足市场不断增长的需求。Azure通过扩展服务范围，包括混合云解决方案、人工智能和区块链等，来满足不同客户的需求，并在混合云领域具有一定优势。GCP则利用谷歌在技术领域的创新和领先地位，提供机器学习、数据分析和容器技术等服务，以提高市场份额和竞争力。

随着云计算市场的持续增长，AWS、Azure 和 GCP 等云服务提供商将继续在市场上展开激烈的竞争，通过创新和扩展服务范围来提高自身的市场份额。

6.1.1.5 市场细分与特定领域的机会

除了整体市场的增长，特定领域和细分市场也为云计算服务提供商提供了巨大的机会。例如，在金融领域，云服务可以帮助银行和投资公司处理和分析大量交易数据，优化风险管理和投资策略。在医疗保健领域，云计算可以支持电子健康记录的存储、管理和分析，以及远程医疗服务的提供。

6.1.1.6 市场上的具体应用案例

1. 案例分析：金融行业的云计算应用

金融行业是云计算应用的先行者之一。以高盛（Goldman Sachs）为例，这家全球领先的投资银行利用云计算技术提供高效的金融服务。通过迁移到云平台，高盛能够处理大量交易数据，提供实时的市场分析，并优化风险管理流程。此外，云计算的弹性帮助高盛在市场波动期间快速调整资源，保持服务的稳定性和可靠性。

2. 案例分析：零售业的云计算转型

零售巨头沃尔玛（Walmart）通过云计算技术优化了其供应链管理和库存系统。沃尔玛利用云服务分析消费者购买行为，预测销售趋势，并据此调整库存。这不仅降低了库存成本，还提高了商店的运营效率和顾客满意度。

6.1.1.7 技术进步对市场的影响

1. 容器化和微服务架构

容器化技术（如 Docker 和 Kubernetes）推动了云计算的进一步发展。它们使企业能够快速部署和管理应用程序，实现持续集成（CI）和持续交付（CD）。微服务架构允许开发团队独立工作，加速了应用程序的开发和迭代。

2. 无服务器计算

无服务器计算（Serverless Computing）作为一种新兴的云计算模型，允许开发人员构建和运行应用程序，而无需管理服务器。这种模型为事件驱动的应用提

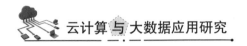

供了成本效益和灵活性，特别是在处理不可预测的工作负载时。

6.1.1.8 政策法规的作用

1. 数据主权和隐私保护

随着《通用数据保护条例》（General Data Protection Regulation, GDPR）等法规的实施，数据主权和隐私保护成为云计算服务提供商必须考虑的问题。企业必须确保其云服务符合相关法规，保护用户的个人数据不被滥用。

2. 云计算的合规性

金融和医疗等高度监管的行业需要符合特定的合规性要求。云计算服务提供商必须提供符合 HIPAA、PCI-DSS 等标准的解决方案，以帮助企业遵守行业规定。

6.1.1.9 未来市场的潜在变化

1. 多云和混合云策略

随着企业对云服务需求的日益多样化，多云和混合云策略变得越来越流行。企业可以利用多个云服务提供商的优势，实现更灵活的 IT 架构和成本效益。

2. 边缘计算的兴起

随着物联网（IoT）设备的普及，边缘计算将成为云计算的重要补充。数据处理将在网络边缘进行，从而减少延迟，提高响应速度，并为实时分析和决策提供支持。

3. 人工智能和机器学习的集成

云计算平台将继续集成人工智能（AI）和机器学习（ML）服务，使企业能够更容易地开发智能应用程序。从图像识别到自然语言处理，AI 和 ML 将成为云计算服务的一部分。

总之，全球云计算市场正在经历快速的增长和发展。技术进步、政策法规和市场需求的变化共同塑造了这一动态的市场环境。企业需要紧跟市场趋势，利用云计算技术推动创新，提高效率，并确保合规性。未来，随着新技术的出现和市场环境的变化，云计算市场将提供更多的机遇和挑战。

6.1.2 大数据市场的行业应用、驱动因素及预测

大数据技术在不同行业中的应用十分广泛，各行业都在积极探索如何利用大数据技术来提升业务效率、优化决策和创造价值。

6.1.2.1 行业应用的深入探讨

1. 金融行业

金融行业是大数据分析应用的先锋领域。在风险管理方面，金融机构通过分析历史交易数据、市场趋势和客户行为，建立起复杂的风险评估模型。这些模型能够预测市场波动，评估投资组合的风险敞口，并及时调整投资策略以降低潜在损失。

欺诈检测是金融行业大数据应用的另一个重要方面。利用机器学习算法，金融机构能够识别异常交易模式，及时发现并阻止欺诈行为，从而保护客户资产的安全。此外，客户分析帮助金融机构深入了解客户需求，提供个性化的金融产品和服务，增强客户满意度和忠诚度。

2. 零售行业

在零售行业，大数据技术的应用正在改变传统的商业模式。通过分析历史销售数据、季节性趋势和消费者行为模式，销售预测可以帮助零售商更准确地预测市场需求，优化库存管理。借助大数据分析、个性化营销，零售商能够根据消费者的购买历史和偏好，提供定制化的营销信息和优惠，提高营销效果。

在库存管理方面，大数据技术使零售商能够实时监控库存水平，自动化补货流程，减少库存积压和缺货风险。此外，零售商通过分析消费者在店内的行走路径、停留时间和购买行为，优化店铺布局和产品摆放，提升顾客的购物体验。

3. 医疗行业

医疗行业通过大数据技术，实现了对疾病更深入的理解和更有效的治疗。疾病预测模型通过分析大量的医疗记录和健康数据，预测疾病的发生概率和发展趋势。辅助诊断系统利用机器学习算法分析医学影像，帮助医生发现病变，提高诊断的准确性。

在治疗优化方面，大数据分析帮助医生根据患者的基因信息、病史和治疗反应，制定个性化的治疗方案。健康管理应用通过收集和分析患者的生活习惯、生理指标等数据，为患者提供健康建议和疾病预防措施。

6.1.2.2 驱动因素的全面分析

1. 技术进步

大数据技术的发展离不开云计算、人工智能、机器学习和物联网等技术的进步。云计算提供了弹性的计算资源和存储能力，支持大规模数据处理和分析。人工智能和机器学习算法提高了数据挖掘的深度和广度，使模式识别和预测分析更加精准。物联网技术的发展带来了大量实时数据，为大数据分析提供了丰富的原料。

2. 数据增长

互联网的普及和物联网设备的广泛应用导致了数据量的爆炸性增长。社交网络、在线交易、传感器网络等源源不断地产生数据，这些数据为大数据分析提供了广阔的应用场景，推动了大数据技术的发展和应用。

3. 数字化转型

数字化转型是当前企业发展的重要趋势。企业通过数字化转型，将传统的业务流程和决策方式转变为数据驱动的模式。数据成为企业的核心资产，数据分析成为企业决策的重要依据。因此，企业对大数据技术的投入不断增加，推动了大数据市场的发展。

6.1.2.3 市场发展趋势和未来预测

1. 增长的持续性

大数据市场的发展趋势预计将持续增长。随着大数据技术逐渐成熟和应用领域的扩大，市场对大数据产品和服务的需求将持续增长。根据市场研究报告，大数据市场的年增长率预计将保持在两位数。

2. 垂直行业应用的深化

大数据技术将在更多垂直行业中得到深入应用。不同行业将根据自身特点和需求，开发定制化的大数据解决方案。例如，制造业可能更关注生产效率和产品质量的优化，而公共服务行业可能更侧重于公共安全和资源配置的优化。

3. 人工智能和机器学习的整合

人工智能和机器学习技术与大数据技术的结合将越来越紧密。智能化的数据分析工具将帮助企业更深入地理解数据，提供更精准的预测和决策支持。预测分析和智能决策支持系统将在各个行业中得到广泛应用。

6.1.2.4 具体案例分析

1. 金融行业案例：Capital One

Capital One 是一家美国金融控股公司，以利用大数据技术进行风险管理和欺诈检测而闻名。该公司通过分析数百万客户的交易记录和行为模式，建立了先进的风险评估模型。成功的因素包括对数据科学团队的投资，以及对机器学习和人工智能技术的广泛应用。面临的挑战包括遵守数据隐私法规和在处理大量数据时的性能优化。

2. 零售行业案例：沃尔玛

沃尔玛通过大数据技术优化其供应链和库存管理。该公司使用 Hadoop 集群处理来自全球数千家商店的销售数据，并预测产品需求。成功的因素包括跨部门的数据整合能力和高效的数据处理流程。面临的挑战在于如何实时更新和维护庞大的数据集，以及如何确保数据的准确性和及时性。

3. 医疗行业案例：梅奥诊所

梅奥诊所是一个非营利性医疗机构，通过大数据技术改进患者的诊断和治疗方案。该机构使用电子健康记录系统收集患者信息，并运用机器学习算法分析医学影像数据。成功的因素包括跨学科团队合作和对医疗数据的深入理解。面临的挑战在于如何保护患者的隐私和数据安全。

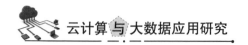

6.1.2.5 技术细节

1. 数据采集

数据采集是大数据生命周期的第一步。技术包括日志文件分析、网络爬虫、应用程序编程接口（Application Programming Interface, API）集成等。例如，Flume 和 Kafka 用于实时数据流的采集。

2. 数据存储

大数据的存储解决方案包括分布式文件系统（如 HDFS）、NoSQL 数据库（如 Cassandra 和 MongoDB），以及云存储服务（如 Amazon S3）。这些技术提供了可扩展性和高可用性。

3. 数据处理

数据处理涉及数据清洗、转换和准备。Apache Spark 和 Hadoop MapReduce 是大数据处理的流行框架，支持复杂的数据处理任务。

4. 数据分析

数据分析使用机器学习、统计分析和数据挖掘技术。工具包括 R、Python 的 Pandas 库和 TensorFlow 库等。

6.1.2.6 政策法规的影响

1. 欧盟 GDPR

GDPR 对全球大数据市场产生了显著影响，要求企业在处理个人数据时必须遵守数据保护原则。这增加了企业在数据治理和合规性方面的投入。

2. 美国 CCPA

《加州消费者隐私法案》（California Consumer Privacy Act, CCPA）为加州居民提供了更多的隐私权保护，要求企业在收集和处理消费者个人信息时必须保持透明。这促使企业重新评估其数据实践。

6.1.2.7 安全和隐私问题

1. 数据安全

大数据安全包括数据加密、访问控制和网络安全。企业采用安全套接层 / 传输层安全协议（Secure Sockets Layer/Transport Layer Security, SSL/TLS）加密数据传输，并使用 Kerberos 等进行身份验证。

2. 隐私保护

隐私保护要求企业在收集和使用个人数据时必须遵守法律法规。差分隐私和同态加密等技术被用于保护用户隐私。

6.1.2.8 国际比较

1. 美国

美国在大数据市场发展方面处于领先地位，拥有先进的技术和创新的商业模式。硅谷是全球大数据创新的中心。

2. 中国

中国的大数据市场快速增长，政府支持大数据技术的发展，并在智慧城市和公共安全等领域广泛应用。

3. 欧洲

欧洲市场对数据保护有严格的要求，GDPR 对企业的数据实践产生了重大影响。欧洲企业在遵守法规的同时，也在探索大数据的商业价值。

总之，大数据技术在金融、零售和医疗等行业的应用已经展现出巨大的潜力和价值。随着技术的进步、数据的增长和数字化转型的推进，大数据市场将持续增长，并在更多行业中得到深入应用。未来，人工智能和机器学习技术的整合将为大数据分析带来新的发展机遇，推动各行业的创新和发展。

6.2 行业应用与盈利模式

本节概要

本节深入探讨了云计算与大数据在不同行业的具体应用案例，以及创新的商业模式与盈利途径。通过制造业、物流业、教育行业、医疗行业、金融行业和零售行业的案例，展示了云计算和大数据技术是如何帮助企业提高效率、降低成本、增强客户体验，并创造新的商业模式和收入来源的。

6.2.1 云计算与大数据在不同行业的具体应用案例

6.2.1.1 制造业案例

在制造业领域，云计算和大数据技术的应用可以帮助企业提高生产效率、降低成本，并开拓新的收入来源。例如，一家汽车制造公司利用云计算和大数据技术实现了智能化的生产管理系统。该系统通过连接工厂内各个设备和生产线，实现了实时监控和数据采集。生产数据被传输到云端的大数据平台进行分析，通过机器学习算法预测设备故障和生产线停机时间，提前进行维护和调整，避免了生产线的停滞和损失。同时，大数据分析还可以帮助企业优化供应链管理，根据市场需求和供应商情况进行调整，减少库存和物流成本。通过提高生产效率和降低成本，企业实现了利润增长。此外，制造业还可以利用大数据分析市场趋势和消费者偏好，开发个性化产品，创造新的收入来源。

6.2.1.2 物流业案例

在物流行业，云计算和大数据技术的应用可以帮助企业优化物流运输、提高货物追踪和管理效率，并降低运输成本。例如，一家国际物流公司利用云计算和大数据技术开发了一套智能物流平台。该平台通过连接全球的物流网络和设备，实现了货物的实时追踪和监控。大数据分析能够对货物运输过程中的各种数据进行实时监测和分析，包括交通情况、气候变化、货物状态等。基于这些数据，系

统可以智能地调整运输路线和方式，优化货物运输方案，提高运输效率，减少延误和损失。此外，云计算和大数据技术还可以帮助企业优化仓储管理，减少库存和仓储成本。通过提高物流效率和降低成本，企业可以提供更快捷、更可靠的物流服务，吸引更多客户，增加收入。

6.2.1.3　教育行业案例

在教育行业，云计算和大数据技术的应用可以帮助学校和教育机构实现个性化教学、提高教学效果，并创造新的收入来源。例如，一所高校利用云计算和大数据技术开发了一套智能教育平台。该平台通过连接学生、教师和教育资源，实现了个性化的教学和学习。大数据分析能够对学生的学习行为和表现进行跟踪和分析，了解学生的学习兴趣和水平，为教师提供个性化的教学建议和资源推荐。同时，教师也可以通过平台分享教学资源和经验，促进教学效果的提升。此外，学校还可以利用云计算和大数据技术开发在线教育课程和培训项目，吸引更多学生和企业客户，增加收入来源。通过提供个性化教育服务和开发在线教育产品，学校可以提高教育质量和竞争力，实现利润增长。

6.2.1.4　医疗行业案例

在医疗行业，通过云计算技术将病历数据存储于云平台，实现信息的无缝共享和远程访问。这提高了医疗服务的效率和准确性，使医生和患者可以随时查阅、修改和更新病历信息。医学影像通过云平台进行存储，医生可以方便地查看、上传和下载影像数据，并利用云计算的图像处理和分析功能进行疾病诊断。这大幅提高了医生的工作效率，减少了误诊和漏诊的可能性。

6.2.1.5　金融行业案例

在金融行业中，余额宝是蚂蚁集团（原名蚂蚁金服）旗下的一项余额增值和活期资金管理服务，于 2013 年 6 月正式推出。其运作原理是将用户在支付宝账户中的闲置资金集中起来，进行资金池管理和货币基金的投资运作。余额宝的特点在于操作简便、低门槛、零手续费，并且支持随取随用，因此深受用户喜爱。余额宝基于淘宝和支付宝的数据平台，能够收集并分析用户的购买、浏览、搜索等行为数据。通过对这些数据的深度挖掘，余额宝能够洞察用户的消费习惯、理财偏好和风险偏好，为后续的个性化服务和投资策略提供数据支持。余额宝利用大数据技术对用户的申购、赎回行为进行预测。通过对历史数据的分析和机器学习模型的训练，余额宝能够较为准确地预测用户的资金流向和流量大小，从而提前调整货币基金的投资组合和规模，确保资金的稳定性和收益性。基于用户行为分析和申购、赎回行为预测的结果，余额宝能够优化其投资策略。例如，当预测到大量用户可能赎回资金时，余额宝可以提前减少长期投资，增加短期高流动性的资产，以应对资金流出的压力；反之，当预测到大量用户可能申购资金时，余额宝则可以增加长期投资，提高整体收益。

2013 年 6 月，余额宝服务在支付宝 APP 正式推出，吸引了大量用户参与。2014 年，余额宝的用户人数和资产管理规模快速增长，成为互联网金融的热点产品。2015 年，余额宝推出了一系列创新服务，如余额宝购房等，进一步拓宽了服务场景和用户群体。余额宝已经成为中国用户数最多的货币基金之一，规模超过 1 000 亿元，用户近 3 000 万。其成功得益于大数据技术的应用，能够深入了解用户需求、优化投资策略，提供个性化的服务体验。

6.2.1.6 零售行业案例

在零售行业中，永辉超市作为国内知名的连锁零售企业，一直在寻求数字化转型机会，以提升其运营效率和服务质量。腾讯云，作为领先的云计算服务提供商，凭借其在大数据、AI 等方面的技术优势，为永辉超市提供了"全链路数字化部署"方案，助力其实现智慧化升级。2017 年，永辉超市与腾讯云开始接触，探讨数字化转型的可能性，双方团队进行深入沟通，明确合作目标和具体需求。从 2018 年到 2020 年，腾讯云为永辉超市量身定制了"全链路数字化部署"方案，该方案覆盖了门店管理、会员体系搭建、消费者洞察、O2O 业务拓展等多个方面。在门店管理方面，通过腾讯云提供的技术支持，永辉超市实现了对门店运营的优化，包括门店陈列、导购服务等。通过数据分析，永辉超市可以更准确地了解消费者的购物习惯和需求，从而进行有针对性的商品陈列和导购服务。在会员体系搭建方面，腾讯云帮助永辉超市建立了完善的会员体系，通过大数据分析会员的购物行为和偏好，为会员提供个性化的服务和优惠。在消费者洞察方面，腾讯云利用大数据分析技术，对消费者进行深度洞察，帮助永辉超市更好地了解消费者的需求和喜好，为商品选品和营销策略的制定提供数据支持。在O2O业务拓展方面，腾讯云助力永辉超市实现了线上线下业务的融合，通过小程序等线上渠道为消费者提供便捷的购物体验。随着合作的深入，腾讯云和永辉超市不断优化和升级数字化部署方案，引入更多先进的技术和工具，如人工智能、物联网等，以提升运营效率和服务质量。双方还共同探索新的业务模式和创新点，如到家服务新模式等，以满足消费者日益多样化的需求。

通过数据分析，永辉超市可以更准确地了解消费者的购物习惯和需求，从而进行有针对性的商品陈列和导购服务，提升了门店的运营效率和服务质量。建立了完善的会员体系，通过大数据分析会员的购物行为和偏好，为会员提供个性化的服务和优惠，增强了会员的忠诚度和黏性。利用大数据分析技术，对消费者进行深度洞察，帮助永辉超市更好地了解消费者的需求和喜好，为商品选品和营销策略的制定提供了有力支持。实现了线上线下业务的融合，通过小程序等线上渠道为消费者提供便捷的购物体验，拓展了销售渠道和市场份额。

6.2.1.7　其他更多行业案例

以下是其他更多行业的案例分析。

1. 农业：精准农业的兴起

智能农业监控系统

　　农业行业正通过云计算和大数据技术实现精准农业。利用卫星图像、无人机和地面传感器收集的数据，农业企业能够监控作物生长条件，预测产量，并优化资源使用。

【案例分析】||||||||||||||||||||||||||||||||||||||||||||||||||||||||||||||

John Deere 的精准农业：农业设备制造商 John Deere 利用大数据技术来分析作物生长数据，提供土壤质量分析和作物健康监测服务。这帮助农民做出更明智的种植决策，提高作物产量和质量。

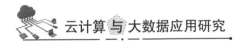

2. 能源行业：智能电网与可持续能源

智能电网管理

能源行业通过云计算和大数据技术优化电网运营。智能电网能够实时监控和调节电力流动，提高能源分配的效率和可靠性。

【案例分析】‖‖‖‖‖‖‖‖‖‖‖‖‖‖‖‖‖‖‖‖‖‖‖‖‖‖‖‖‖‖‖‖‖‖‖‖‖‖

智能电网运营商：一些能源公司利用智能电网技术，结合大数据分析，优化电力生产和分配。通过预测能源需求和监控电网状态，运营商能够减少能源浪费，提高电网的稳定性。

3. 媒体与娱乐：内容定制与用户体验

个性化内容推荐

媒体和娱乐行业通过分析用户数据，提供个性化的内容推荐。流媒体服务，如 Netflix 和 Spotify 使用大数据来了解用户偏好，并推荐电影、电视节目和音乐。

【案例分析】‖‖‖‖‖‖‖‖‖‖‖‖‖‖‖‖‖‖‖‖‖‖‖‖‖‖‖‖‖‖‖‖‖‖‖‖‖‖

Netflix 的推荐算法：Netflix 使用复杂的算法分析用户的观看历史和评分，提供个性化的内容推荐。这种定制化的用户体验使 Netflix 能够提高用户满意度和留存率。

4. 公共服务：智慧城市的发展

智慧城市基础设施

公共服务领域通过云计算和大数据技术提高城市管理效率。智慧城市利用传感器和数据分析优化交通流量和资源分配。

【案例分析】‖‖‖‖‖‖‖‖‖‖‖‖‖‖‖‖‖‖‖‖‖‖‖‖‖‖‖‖‖‖‖‖‖‖‖‖‖‖

新加坡的智慧国家计划：新加坡政府利用大数据和云计算技术，开发智能交通系统、环境监测和数字政务服务。这提高了政府服务的效率和公民的生活质量。

5. 法律行业：案件分析与风险评估

法律数据分析

　　法律行业通过大数据分析案件记录、法律文献和先例，提高法律研究的效率。律师事务所和法律顾问使用这些数据进行案件策略制定和风险评估。

【案例分析】|||||||||||||||||||||||||||||||||||||||||||||||||||||||||||||||||||||||||||

　　法律科技公司的分析工具：一些法律科技公司提供基于云的分析工具，帮助律师快速访问和分析法律文档。这些工具提高了法律行业的工作效率和准确性。

6. 保险行业：风险评估与定制化保险

个性化保险产品

　　保险行业利用大数据技术进行风险评估和定制化保险产品设计。通过分析客户数据，保险公司能够提供更精准的保险定价和个性化的保险产品。

【案例分析】|||||||||||||||||||||||||||||||||||||||||||||||||||||||||||||||||||||||||||

　　保险公司的风险模型：保险公司使用大数据技术来分析客户的健康记录、驾驶行为和财产信息。这使得保险公司能够设计个性化的保险产品，并准确评估风险。

　　总而言之，云计算和大数据技术的应用正在改变多个行业的运作方式，从制造业的智能生产到农业的精准种植，从金融服务的个性化到媒体娱乐的内容定制，这些技术提供了强大的工具，帮助企业提高效率、降低成本、增强客户体验，并创造新的商业模式和收入来源。随着技术的不断进步，这些技术在各行各业的应用将更加深入和广泛，推动社会和经济的持续发展。

6.2.2　创新的商业模式与盈利途径

　　云计算和大数据的结合催生了许多新的商业模式，这些模式使得企业能够更加灵活地应对市场需求、提供个性化服务，并创造新的盈利机会。

6.2.2.1 基于数据的服务模式

传统的商业模式往往侧重于销售产品或提供服务，而基于数据的服务模式则将数据本身作为产品或服务进行销售。

例如，许多企业通过收集和分析大数据，提供数据分析、市场调研、预测分析等服务，帮助其他企业做出更明智的决策。在这种模式下，企业可以通过收费订阅、数据销售或提供定制化服务等方式实现盈利。

1. DaaS

随着大数据的兴起，数据成为一种极其宝贵的资源。企业开始将数据视为一种资产，通过提供基于数据的服务模式，将数据转化为直接的经济收益。

【案例分析】||||||||||||||||||||||||||||||||||||||||||||||||||||||||||

金融数据服务商：如 Bloomberg 和 Reuters，通过提供金融市场的实时数据，帮助投资者和分析师做出决策，从而收取订阅费用。

市场调研公司：如 Nielsen，通过收集和分析消费者行为数据，为企业提供市场趋势报告和消费者洞察，并通过数据销售和服务咨询的方式盈利。

2. 数据经纪服务

数据经纪服务涉及收集、整合和包装数据，然后将其出售给有需要求的企业。这种服务模式允许企业从多个来源获取数据，而无需自己收集。

【案例分析】||||||||||||||||||||||||||||||||||||||||||||||||||||||||||

Experian 等信用评分机构：通过分析个人信用记录，为金融机构提供信用评分服务，帮助它们评估贷款申请的风险。

6.2.2.2 平台化模式

云计算技术为企业提供了构建和运营平台的能力，而大数据则为平台提供了数据支持和分析功能。基于这些技术，企业可以构建开放的平台，吸引各方参与，实现共享价值。

例如，智慧城市平台可以整合各种城市数据，为政府、企业和公民提供智能化的城市服务；电商平台可以整合商品信息和用户数据，为商家和消费者提供交易和营销服务。企业通过平台化模式可以通过收取平台使用费、广告费、交易佣金等多种方式实现盈利。

1. 构建生态系统

平台化模式通过构建一个生态系统，连接不同的参与者，包括供应商、服务提供商和消费者，从而创造网络效应和实现价值共享。

【案例分析】||||||||||||||||||||||||||||||||||||||||||||||||||||||||

阿里巴巴的电商平台：通过整合商品信息和用户数据，为商家和消费者提供交易和营销服务，并通过平台使用费、广告费以及交易佣金实现盈利。

Airbnb 和 Uber：分别在住宿和交通领域构建了共享经济平台，通过连接服务提供者和消费者，收取服务费与佣金。

2. 数据驱动的决策支持

平台可以通过收集用户互动数据，提供个性化推荐和决策支持，增加用户黏性和交易量。

【案例分析】||||||||||||||||||||||||||||||||||||||||||||||||||||||||

亚马逊的个性化推荐算法通过分析用户的购物历史和浏览行为，为用户提供个性化的产品推荐，从而提高销售额和客户满意度。

6.2.2.3 定制化服务模式

大数据技术使企业能够更加深入地了解客户需求和行为，因此可以提供更个性化的服务。基于这种模式，企业可以根据客户的需求和偏好提供定制化的产品或服务，从而实现更高的客户满意度和忠诚度。

例如，智能音乐推荐平台可以根据用户的音乐偏好和听歌历史推荐个性化的音乐列表；定制化医疗服务平台可以根据患者的基因信息和疾病历史提供个性化的诊疗方案。企业通过提供定制化服务可以吸引更多客户、提高客户满意度，并实现盈利。

1. 个性化产品开发

企业利用大数据分析消费者的需求和偏好，开发符合特定用户群体需求的个性化产品。

【案例分析】||||||||||||||||||||||||||||||||||||||||||||||||||||||||||||||||||||||

Netflix 的原创内容制作：利用用户观看数据来指导原创内容的制作，例如《纸牌屋》的成功就是基于用户偏好分析的结果。

个性化营养品公司：根据消费者的健康数据和营养需求，提供个性化的补充品配方。

2. 定制化解决方案

企业为特定客户群体提供定制化的解决方案，满足其独特的业务需求。

【案例分析】||||||||||||||||||||||||||||||||||||||||||||||||||||||||||||||||||||||

SaaS 提供商：如 Salesforce，为企业提供定制化的 CRM 解决方案，帮助企业提高销售量和客户服务效率。

6.2.2.4 共享经济模式

云计算和大数据技术为共享经济提供了技术支持和数据基础，使企业能够更好地实现资源共享和利用。基于共享经济模式，企业可以将闲置资源进行共享，提供给需要的用户，从而实现资源和价值的最大化利用。

例如，共享单车平台可以通过云计算技术实现车辆的实时监控和调度，通过大数据技术分析用户的骑行行为和需求，从而提高车辆利用率和用户体验。企业通过共享经济模式可以通过收取服务费、抽成等方式实现盈利。

1. 资源优化利用

共享经济模式通过优化资源分配，减少资源浪费，实现成本效益。

【案例分析】||||||||||||||||||||||||||||||||||||||||||||||||||||||||||||||||||||||

共享办公空间提供商：如 WeWork，通过提供共享办公空间，降低企业和个人的办公成本。

共享单车服务：如 Mobike 和 Ofo，通过智能锁和移动应用技术，提供便捷的共享单车服务，减少城市交通拥堵和环境污染。

2. 社区建设和网络效应

共享经济平台通过构建社区和利用网络效应，增加用户黏性和品牌忠诚度。

【案例分析】||||||||||||||||||||||||||||||||||||||||||||||||||||

社区驱动的住宿平台，如 Couchsurfing，通过建立旅行者社区，提供住宿分享服务，增加用户之间的互动和信任。

云计算和大数据技术的结合为企业提供了创新商业模式和盈利途径的机会。基于数据的服务模式、平台化模式、定制化服务模式和共享经济模式都是这一趋势的体现。企业需要不断探索和试验新的商业模式，以适应不断变化的市场需求和技术进步。通过这些创新的商业模式，企业能够更好地满足客户需求，提高运营效率，并实现可持续的盈利增长。

6.2.3　市场竞争策略与企业发展建议

在当前快速变化的市场环境中，企业必须不断寻求创新和改进，以保持竞争力。云计算和大数据技术为企业提供了前所未有的机遇，帮助它们在多个方面提升核心竞争力。

6.2.3.1　实时数据分析与智能决策

1. 实时数据监控的重要性

在数字化时代，数据已成为企业决策的重要基础。实时数据分析能够帮助企业快速响应市场变化，捕捉瞬息万变的商机。

【案例分析】||||||||||||||||||||||||||||||||||||||||||||||||||||

电商平台的动态定价策略：通过实时分析用户行为和市场趋势，电商平台能够动态调整产品价格，优化库存管理，提高销售转化率。

股市交易平台：利用大数据技术，股市交易平台可以实时监控市场动态，为投资者提供即时的市场分析和交易建议，提升用户交易体验。

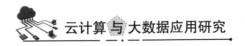

2. 智能决策支持系统

企业可以利用云计算和大数据技术构建智能决策支持系统，通过机器学习和人工智能算法，提供基于数据驱动的决策建议。

【案例分析】||||||||||||||||||||||||||||||||||||||||||||||||||||||||||

供应链管理优化：企业可以通过分析供应链数据来预测市场需求，从而优化库存水平，降低物流成本，提高响应速度。

6.2.3.2 个性化服务与客户体验

1. 深入了解客户需求

大数据技术使企业能够收集和分析客户数据，从而深入了解客户的个性化需求和偏好。

【案例分析】||||||||||||||||||||||||||||||||||||||||||||||||||||||||||

个性化推荐系统：例如，亚马逊和淘宝等电商平台通过分析用户的购物历史和浏览行为，为用户推荐个性化商品，提升用户体验和购买率。

个性化内容服务：视频平台，如 Netflix 和 YouTube，根据用户的观看历史和偏好，提供个性化的视频推荐，从而增加用户黏性。

2. 提升客户体验

企业通过提供个性化服务和产品，能够显著提升客户体验，增强客户忠诚度。

【案例分析】||||||||||||||||||||||||||||||||||||||||||||||||||||||||||

个性化旅游服务：旅游网站根据用户的旅游偏好和历史行为，提供个性化的旅游套餐和目的地推荐，改善旅游规划体验。

6.2.3.3 业务流程优化与效率提升

1. 生产效率优化

云计算和大数据技术能够帮助企业优化生产流程，提高生产效率。

【案例分析】 |||||||||||||||||||||||||||||||||||||||||||||||||||||

智能制造：制造企业通过部署物联网设备，收集生产线数据，利用大数据分析优化生产流程，降低能耗，提高产出。

2. 运营效率提升

企业通过分析运营数据，能够发现并解决运营过程中的问题，提升整体运营效率。

【案例分析】 |||||||||||||||||||||||||||||||||||||||||||||||||||||

零售业的库存管理：零售商通过分析销售数据和库存水平，优化库存管理，减少过剩或缺货情况，提高资金周转率。

6.2.3.4 创新与产品迭代

1. 快速创新部署

云计算平台使企业能够快速部署新服务和产品，加速创新周期。

【案例分析】 |||||||||||||||||||||||||||||||||||||||||||||||||||||

金融科技创新：金融科技公司利用云计算快速推出新金融产品，如移动支付、P2P借贷等，以满足市场需求。

2. 产品迭代优化

大数据分析帮助企业收集用户反馈，快速迭代产品，提升产品质量。

【案例分析】 |||||||||||||||||||||||||||||||||||||||||||||||||||||

软件开发：软件公司通过分析用户使用数据和反馈，快速迭代软件产品，修复漏洞，增加新功能，提高用户满意度。

6.2.3.5 结论

云计算和大数据技术为企业提供了强大的工具，帮助它们在市场竞争中获得优势。通过实时数据分析与智能决策、个性化服务与客户体验、业务流程优化与效率提升以及创新与产品迭代，企业能够更好地理解市场和客户需求，提高运营效率，加速创新步伐，实现持续增长。

　　企业应该积极拥抱云计算和大数据技术，将其融入企业战略中，不断探索和试验新的商业模式和运营策略。同时，企业也需要关注技术发展的趋势，投资于人才培养和技术升级，确保能够充分利用这些技术带来的机遇。

　　随着技术的不断进步，云计算和大数据将继续为企业带来更多的可能性。企业必须保持敏锐的市场洞察力，把握技术发展的方向，不断创新和改进，以在激烈的市场竞争中保持领先地位。

第 7 章　云计算与大数据的安全与隐私

本章聚焦于云计算与大数据环境下的数据安全与隐私保护问题。首先，系统分析了云计算环境中面临的主要安全威胁与风险，如数据泄露、隐私侵犯、数据篡改和恶意操作等。接着，进一步讨论了大数据环境下的安全挑战及其应对策略，包括数据加密、访问控制、安全审计、数据脱敏和匿名化，以及威胁检测和应对措施。最后，详细介绍了最新的安全技术与防护手段，如零信任网络、人工智能在安全防护中的应用、容器安全技术和智能安全分析技术。

7.1 数据安全与威胁防护

本节概要

　　本节讨论了云计算环境下的数据安全问题，包括但不限于数据泄露、隐私问题、数据篡改和恶意操作，以及账户和身份盗窃等风险。通过具体的案例分析，揭示了消除这些安全威胁的重要性和紧迫性，并强调了加强数据加密、访问控制和身份验证的重要性。

7.1.1 云计算环境中的主要安全威胁与风险

　　在当今数字化时代背景下，云计算环境已成为企业和个人进行数据存储与处理的首选。然而，随着云计算的广泛应用，安全威胁和风险也日益凸显。这些潜在问题可能对企业和用户造成严重影响。

7.1.1.1 数据泄露和隐私问题

1. 数据泄露的严重性

　　数据泄露是指未经授权的第三方非法获取敏感数据的行为。在云计算环境中，由于数据集中存储，一旦发生泄露，影响范围往往非常广泛，将对用户的信息安全构成严重威胁，从而给企业带来不可估量的损失。

【案例分析】||||||||||||||||||||||||||||||||||||||||||||||||||||||||||||||||||

　　Capital One 数据泄露事件：2019 年，Capital One 遭受了数据泄露，超过一亿客户的个人信息和财务数据被非法获取。这一事件凸显了大型金融机构面临的数据安全威胁越发严重。一旦发生数据泄露，其影响远超个人和中小企业，不容忽视。

2. 隐私保护的重要性

　　隐私问题涉及个人和企业的敏感信息保护。在云环境中，任何不当的数据访问和处理都可能构成隐私侵犯，最直接的影响是给用户带来财产损失和名誉损害。

【案例分析】||||||||||||||||||||||||||||||||||||||||||||||||||||||||||||||

Yahoo 数据泄露：Yahoo 在 2013 年遭受了大规模的数据泄露，影响了超过三亿用户。这一事件暴露了 Yahoo 在数据安全防护上存在的漏洞，同时警醒我们即使是互联网巨头也需要不断加强其数据安全保护。

7.1.1.2 数据篡改和恶意操作

1. 数据完整性受损

数据篡改是指攻击者非法修改数据，使其失去原有的准确性和完整性。在云环境中，数据篡改不仅可能导致企业决策失误从而遭受经济和声誉损失，还可能引发法律责任，甚至对国家安全构成威胁。

【案例分析】||||||||||||||||||||||||||||||||||||||||||||||||||||||||||||||

Stuxnet 蠕虫攻击：Stuxnet 是一种针对工业控制系统的恶意软件，它通过修改数据破坏了伊朗核设施的正常运行。这一事件表明，数据篡改不仅影响企业的正常运营，也可能对国家安全构成威胁。这警示我们要提升安全意识，加强数据保护。

2. 恶意操作的风险

恶意操作包括未经授权的数据删除、服务中断等行为，这些行为可能会导致企业运营混乱甚至停滞，造成巨大经济损失。

【案例分析】||||||||||||||||||||||||||||||||||||||||||||||||||||||||||||||

Maersk 遭受 NotPetya 攻击：2017 年，全球航运巨头 Maersk 遭受了 NotPetya 勒索软件攻击，导致其全球业务中断，经济损失高达数亿美元。

7.1.1.3 账户和身份盗窃

1. 账户安全的威胁

账户和身份盗窃是指攻击者通过盗取用户的登录凭证从而控制并非法访问云

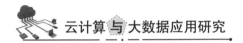

服务账户,利用账户发布传播不实信息,甚至从事犯罪活动。这种攻击除了导致敏感数据外泄,也会引发社会不安情绪,影响平台公信力和社会稳定。

【案例分析】||||||||||||||||||||||||||||||||||||||||||||||||||||||||||||

Twitter 账户被盗用:2019 年,多位 Twitter 用户的账户遭到黑客攻击,包括政治人物和名人。这一事件再次警示我们,即使是社交媒体巨头也需要重视账户安全的保护,不断升级优化账户安全系统,采用更加先进的技术确保账户的安全。

2. 身份验证的重要性

强化身份验证机制是保护账户安全不可或缺的关键一环。多因素认证、生物识别等技术的应用可以显著提高账户安全性。

【案例分析】||||||||||||||||||||||||||||||||||||||||||||||||||||||||||||

Google 的两步验证:Google 推出的两步验证系统为用户提供了额外的安全层,这一措施有效减少了账户被盗用的风险。

7.1.1.4 虚拟化漏洞和零日攻击

1. 虚拟化技术的安全挑战

虚拟化技术使云计算具有了灵活性和可扩展性的特点,但同时也带来了安全方面的挑战。虚拟化平台的漏洞可能被攻击者发现并加以利用,对整个云基础设施造成严重威胁。

【案例分析】||||||||||||||||||||||||||||||||||||||||||||||||||||||||||||

VMware 的虚拟化漏洞:2015 年,VMware 修复了一系列虚拟化安全漏洞。这些漏洞可能允许攻击者逃逸虚拟机环境,访问宿主机系统。此事件提醒我们,虚拟化平台的安全问题不容忽视。

2. 零日攻击的威胁

零日攻击是指利用软件或系统未知漏洞进行的攻击。由于这些漏洞在被发现之前具有隐蔽性,难以被公众察觉,因此传统的安全措施往往难以防范。

【案例分析】||||||||||||||||||||||||||||||||||||||||||||||||||||||||||||

Equation Group 的零日攻击：Equation Group 是一个高级持续性威胁（Advanced Persistent Threat, APT）组织。它被发现利用多个零日漏洞进行网络间谍活动，影响了全球范围内的政府和企业。

总之，这些安全威胁和风险对企业和用户均具有潜在的严重负面影响。企业可能面临的损失包括财产损失、声誉受损、法律责任等多个方面，同时个人用户的信息和资金也可能受到严重威胁。我们需要对此高度警惕，并采取有效措施进行预防。

云计算环境中的安全威胁和风险是多方面的，需要企业和用户采取全面的安全措施来应对。从加强数据加密、访问控制，到提升身份验证机制，再到防范虚拟化漏洞和零日攻击，每一个环节都不容忽视。

随着技术的发展，威胁的形式也在不断演变，出现了新的态势，同时更具迷惑性和隐蔽性。企业和用户必须保持警惕，不断更新和升级安全措施，以确保云计算环境中的数据安全和隐私保护。

此外，企业和用户应该意识到，安全是一个持续的过程，需要不断的投入和不懈的努力。通过增强安全意识、采用最佳实践、利用先进的安全技术和工具，可以显著提高云计算环境的安全性，有效降低潜在的安全风险。只有这样，云计算的优势才能得到充分发挥，同时确保企业和用户的利益不受损害。

7.1.1.5　安全威胁与风险的应对措施

为了更好地应对云计算环境中的安全威胁和风险，企业和用户可以采取以下措施。

1. 加强数据加密和访问控制

企业应采用强大的加密算法对数据进行加密，限制对敏感数据的访问权限，确保只有授权人员能够访问和修改数据。

通过使用高级的加密技术，即使数据在传输或存储过程中被截获，也能保证其处于加密状态，降低被解读的概率。这就如同给数据加上了一把坚固的锁，只有拥有正确钥匙（解密密钥）的授权人员才能打开这把锁，获取到真实的数据内容。

同时，限制对敏感数据的访问权限也是关键的一环。企业应该建立严格的访问控制机制，明确规定哪些人员有权访问特定的敏感数据。可以通过身份验证、授权等手段，确保只有经过特定流程和审核的授权人员能够访问相应数据。比如，只有特定部门的高级管理人员或特定项目的相关人员才能访问某些高度机密的数据，其他人即使在同一企业内也无权接触。这样可以最大程度地降低敏感数据被未授权人员访问和滥用的风险，从而有效保护数据的安全性。例如，在金融行业中，客户的交易数据和个人身份信息只有特定的合规人员和安全团队能够访问和修改，以保障客户的隐私和资金安全。

2. 实施多层次的安全防护

企业可以部署防火墙、入侵检测系统（Intrusion Detection System, IDS）、入侵防御系统（Intrusion Prevention System, IPS）等多层次的安全防护措施，从而及时发现并阻止潜在的安全威胁。

防火墙作为第一道防线，能够筛选和控制进出网络的流量。通过设定规则，防火墙可以阻止未经授权的访问请求，限制特定端口和协议的通信，从而有效减少外部恶意攻击的可能性。例如，防火墙可以禁止来自可疑 IP 地址的连接，或者只允许特定类型的网络流量通过，为企业的网络安全保驾护航。

IDS 是持续监控网络活动的重要手段。它能够实时分析网络流量、系统日志等信息，发现潜在的异常行为和入侵迹象。一旦检测到可疑活动，IDS 会及时发出警报，使安全人员能够迅速响应。例如，当发现大量异常的登录尝试或者数据传输模式异常时，IDS 会及时提醒相关人员进行调查。

IPS 则更进一步，它不仅能够检测到威胁，还能主动采取行动来阻止威胁。IPS 可以实时拦截恶意流量，中断攻击行为，避免其对系统和数据造成损害。例如，当检测到恶意软件试图传播或发起攻击时，IPS 可以立即阻断其传播路径，保护网络内的其他设备。通过部署这些多层次的安全防护措施，企业能够构建一个立体的安全防护体系。防火墙阻止外部的直接攻击，IDS 敏锐地察觉潜在威胁，IPS 则迅速进行防御和阻止，它们相互配合、协同工作。

这样，企业可以在不同层面及时发现和阻止潜在的安全威胁，无论是来自外

部的黑客攻击、恶意软件传播，还是内部的异常行为。例如，在一个大型企业的网络中，防火墙可能阻止了一次大规模的网络扫描攻击，IDS 发现了内部某个设备的异常通信行为，而 IPS 则成功阻止了试图入侵关键系统的恶意流量。

通过这种多层次的安全防护，企业能够最大程度地保障云计算环境中的安全，确保业务的正常运行和数据的安全可靠。

3. 定期进行安全审计和漏洞修补

企业应定期对云环境进行安全审计和漏洞扫描，及时发现并修补安全漏洞，防止黑客利用漏洞对系统进行攻击。

安全审计是一个全面且深入的检查过程。企业通过专业的安全审计工具和技术，对整个云环境进行细致的审查。这包括对系统配置、用户权限设置、网络架构、数据存储与传输等各个方面的评估。例如，审计可能会检查服务器的端口开放情况，确保只开放了必要的端口，避免不必要的风险暴露；或者审查用户账号的权限分配，防止出现权限过大或不合理的情况。

漏洞扫描是专门针对系统中可能存在的安全漏洞进行检测的工具。它可以快速发现软件、操作系统、应用程序等方面的潜在弱点。例如，它可能会检测到某个软件存在已知的安全漏洞，或者操作系统的某个补丁未及时安装。通过定期进行漏洞扫描，企业可以及时掌握系统的安全状况。

当安全审计和漏洞扫描发现问题后，及时进行漏洞修补就成为关键环节。企业需要迅速采取行动，修复发现的安全漏洞。这可能包括安装软件补丁、更新系统版本、调整配置参数等多种方式。

例如，对于一个操作系统的安全漏洞，企业需要及时下载并安装官方发布的补丁程序；对于应用程序中的漏洞，可能需要开发者进行代码修复并发布更新版本。如果企业没有定期进行这些工作，黑客可能会利用这些未被发现和修补的漏洞发起攻击。他们可能会利用系统的某个弱点突破防线，进而窃取数据、破坏系统或者进行其他恶意行为。例如，黑客可能发现一个未修补的网络服务漏洞，通过这个漏洞入侵系统并获取到关键数据。而通过定期进行安全审计和漏洞扫描，并及时修补漏洞，企业能够有效降低被攻击的风险，保障云环境的安全稳定运行。

例如，一家电商企业定期进行安全审计和漏洞扫描，及时发现并修补了一

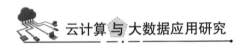

个支付系统中的一个安全漏洞，避免了可能导致客户信息泄露和资金损失的严重后果。

总之，定期进行安全审计和漏洞修补是企业保障云计算环境安全的重要措施，不可忽视。

4. 加强员工安全意识培训

企业应加强员工的安全意识培训，教育员工如何识别和防范安全威胁，避免因员工疏忽或错误而导致安全事件的发生。

（1）培训内容设计：培训内容应包括但不限于安全意识的重要性、常见的安全威胁和攻击手段、识别恶意软件和钓鱼邮件的方法，以及保护个人和公司信息的策略等。可以结合真实案例和模拟演练，让员工亲身体验安全事件的发生过程及其后果，从而增强培训的实效性和吸引力。

（2）定期举办培训课程：企业应定期举办安全意识培训课程，覆盖所有员工，包括新员工入职培训和定期更新的安全培训。培训形式可以多样化，包括线上课程、面对面讲座、安全演练等，以满足不同员工的学习需求。

（3）提供实用的工具和资源：除了培训课程，企业还可以提供实用的工具和资源帮助员工识别和防范安全威胁，例如安全软件、密码管理工具、安全浏览器插件等。同时，建立安全意识资源库，包括安全手册、常见威胁提示、紧急联系方式等，供员工随时参考。

（4）激励和奖励机制：为了激励员工参与安全意识培训并积极参与安全事务，企业可以建立激励和奖励机制，例如颁发安全意识优秀员工奖、提供奖金或奖品、在绩效评定中加入安全指标等，使员工认识到安全意识培训的重要性和价值。

（5）定期评估和反馈：企业应定期评估员工的安全意识水平，通过安全测验、模拟演练等方式检验员工的学习成果，并及时给予反馈和指导。根据评估结果调整培训内容和方法，不断提升培训的有效性和针对性。

7.1.2 大数据环境下的安全挑战与应对策略

在大数据时代，企业面临的数据安全挑战日益严峻。随着数据量的爆炸性增长，如何确保数据的安全性和完整性已成为企业亟须解决的问题。以下是对大数据环境下的安全挑战和相应应对策略的深入分析。

7.1.2.1 数据加密

1. 加密的必要性

数据加密是保护数据不被未授权访问的第一道防线。在大数据环境下，无论是静态数据还是传输中的数据，都可能成为攻击者的目标。

2. 加密技术的应用

传输层加密：使用 SSL/TLS 等协议确保数据在传输过程中的安全性。

存储层加密：采用高级加密标准（Advanced Encryption Standard, AES）等算法对存储在数据库和数据仓库中的数据进行加密。

端到端加密：从数据源头到目的地的整个过程中，数据都始终保持加密状态，只有授权终端才能解密。

【案例分析】||||||||||||||||||||||||||||||||||||||||||||||||||||||||||||||

支付宝的加密措施：支付宝采用端到端加密技术，确保用户交易数据的安全。

Google 的透明加密：Google Cloud Platform 提供透明数据加密服务，无需更改应用程序即可实现数据加密。

7.1.2.2 访问控制

1. 访问控制的重要性

访问控制策略确保只有授权用户才能访问敏感数据，减少内部威胁和外部攻击的风险。

2. 访问控制的实施

身份认证：多因素认证 (MFA)、生物识别等技术提高身份认证的安全性。

权限管理：基于角色的访问控制 (RBAC) 和最小权限原则，确保用户仅拥有完成任务所需的权限。

访问审计：记录和监控用户对数据的访问行为，及时发现未授权访问。

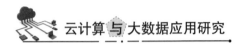

【案例分析】||||||||||||||||||||||||||||||||||||||||||||||||||||||||||||||||

Facebook 的访问控制问题：Facebook 因访问控制不当而遭受数据泄露，凸显了访问控制的重要性。

Amazon Web Services 的 IAM：AWS 的身份识别与访问管理（Identity and Access Management，IAM）服务提供强大的访问控制功能。

7.1.2.3 安全审计

1. 安全审计的作用

安全审计帮助企业监控和评估大数据环境的安全性，及时发现和修复安全漏洞。

2. 安全审计的实施

数据访问审计：记录谁在何时访问了哪些数据。

操作记录审计：监控关键操作，如数据删除或修改。

系统日志分析：使用安全信息和事件管理（Security Information and Event Management, SIEM）系统分析系统日志，发现异常行为。

【案例分析】||||||||||||||||||||||||||||||||||||||||||||||||||||||||||||||||

Target 的数据泄露：Target 因未能及时发现系统日志中的异常而遭受大规模数据泄露。

IBM 的 QRadar SIEM：IBM 的 QRadar SIEM 解决方案帮助企业实现全面安全审计。

7.1.2.4 数据脱敏和匿名化

1. 数据脱敏和匿名化的重要性

在处理敏感数据时，如个人身份信息（Personally Identifiable Information, PII），数据脱敏和匿名化技术可以降低数据泄露风险。

2. 数据脱敏和匿名化的实施

数据脱敏：对敏感数据进行部分屏蔽或替换，如对信用卡号的最后四位数字进行遮蔽。

数据匿名化：使用技术 k– 匿名模型和差分隐私，保护个人隐私。

【案例分析】 ||||||||||||||||||||||||||||||||||||||||||||||||||||||||||||

Netflix 的匿名化竞赛：Netflix 使用匿名化技术举办推荐系统竞赛，以保护用户观影数据。

医院的患者数据脱敏：医院对患者记录进行脱敏处理，确保在研究中不泄露患者隐私。

7.1.2.5 威胁检测和应对

1. 威胁检测和应对的重要性

及时检测和应对安全威胁，可以减少安全事件对企业的影响。

2. 威胁检测和应对的实施

IDS：监控网络和系统活动，发现潜在的恶意行为。

IPS：在发现威胁时，自动采取措施阻止攻击。

恶意代码检测：使用防病毒软件和沙箱技术检测和分析恶意软件。

【案例分析】 ||||||||||||||||||||||||||||||||||||||||||||||||||||||||||||

Stuxnet 蠕虫病毒：Stuxnet 展示了威胁检测的重要性，它在被发现之前已经造成了严重损害。

FireEye 的安全智能：FireEye 提供先进的威胁检测和响应服务，帮助企业应对复杂的安全威胁。

总而言之，大数据环境下的安全挑战是多方面的，需要企业采取综合性的应对策略。从数据加密、访问控制、安全审计，到数据脱敏、匿名化，以及威胁检测和应对，企业必须建立全面的安全防护体系。随着大数据技术的不断发展，企业需要不断更新安全策略，以应对日益复杂的安全威胁。通过这些措施，企业可以更好地保护数据安全，维护企业声誉，同时为用户提供安全可靠的服务。

7.1.3 最新的安全技术与防护手段

随着云计算和大数据技术的快速发展，数据安全问题日益凸显。为了应对不断演变的安全威胁，业界引入了一系列创新的安全技术和防护手段。这些技术旨在加强数据保护，确保业务连续性，并增强对复杂攻击的防御能力。

零信任网络：基于"从不信任，始终验证"的原则，零信任网络通过微分化访问控制、实时监测与审计、多因素身份验证等手段，强化了对用户和设备访问的控制，显著提升了云计算和大数据环境的安全性。

AI 在安全防护中的应用：人工智能（AI）和机器学习（ML）技术被广泛应用于异常检测、入侵预防、自动化威胁响应以及预测和识别新型安全威胁，极大提高了安全事件的响应速度和处理效率。

容器安全技术：针对容器化应用的安全性问题，容器安全技术包括镜像安全扫描、运行时监控和网络安全隔离等，可以保护容器化应用程序免受威胁。

智能安全分析技术：结合大数据分析和 AI 技术，智能安全分析技术能够深入挖掘安全日志和事件，实时发现并响应各种安全威胁，提高整体的安全性和响应能力。

端到端加密技术：通过在数据传输和存储过程中实施端到端加密，确保数据的机密性和完整性，满足数据隐私和合规性要求，有效防止数据泄露和篡改。

这些前沿技术正迅速成为云计算和大数据领域安全防护的基石，帮助企业构建更加坚固的安全防线，应对日益复杂的网络环境。随着技术的不断进步和创新，未来将会出现更多先进的安全解决方案，以应对新兴的安全挑战。

7.1.3.1 零信任网络

零信任安全模型是一种基于"从内部出发"的安全策略，即不信任任何用户或设备，要求在每次访问时都进行严格的身份验证和授权。这种模型通过将访问权限与用户的身份、设备状态和上下文信息等因素结合起来，实现对访问的精细控制，从而提高了云计算和大数据环境的安全性。

零信任网络是一种新型的安全架构，其核心原则是"从不信任，始终验证"。无论是内部用户、外部用户还是设备，都不被默认为可信任，在每次访问时都进行严格的身份验证和授权。与传统的网络安全模式相比，这种安全模型更加注重对网络中每个用户和设备进行细致的身份验证和授权，以最大程度降低网络被攻击的风险。

零信任网络通过以下几个关键特点来实现最小化潜在攻击面，从而增强云计算环境的安全性。

1.微分化访问控制。零信任网络采用微分化访问控制策略，即根据用户的身份、角色和上下文信息，对用户进行细分和分类，为每个用户分配最小必要的访问权限。这样做可以限制用户只能访问其所需的资源，降低攻击者获取敏感信息的可能性。举例来说，假设某公司的网络中有一名普通员工和一名系统管理员，零信任网络会根据他们不同的角色，分别赋予不同的权限：普通员工只能访问公司内部网站，而系统管理员则可以管理整个网络。

2.实时监测和审计。零信任网络通过实时监测和审计网络流量和访问行为，及时发现异常活动并采取相应措施。这种实时的监测和审计机制可以帮助企业迅速识别并应对安全威胁，降低攻击者潜在的攻击窗口。例如，如果某个用户的访问行为突然出现异常，比如在非工作时间访问敏感文件，零信任网络会立即发出警报并采取相应措施，以防止数据泄露或攻击行为。

3.多因素身份验证。零信任网络采用多因素身份验证方式，要求用户在访问网络资源时除了输入用户名和密码外，还需要提供其他因素，如手机验证码、指纹识别等。这种方式提高了用户身份验证的安全性，防止基于密码的攻击。例如，用户在登录企业的云计算平台时，除了输入用户名和密码外，还需要通过手机短信或指纹识别等方式进行验证，以确保用户的真实身份。

4.零信任架构的应用。零信任网络不仅是一种技术，更是一种安全理念和策略，可以应用于各种网络环境和场景，包括云计算环境。通过实施零信任网络架构，企业可以最大程度地降低云计算环境的攻击面，保护敏感数据和业务应用，确保企业的信息安全。

7.1.3.2　AI 在安全防护中的作用

AI 和 ML 技术在安全领域的应用越来越广泛。它们可以帮助识别异常行为、检测威胁、预测安全事件，并及时做出响应。在云计算和大数据环境中，AI 和 ML 技术可以分析海量的数据流量和日志信息，识别潜在的安全威胁，并自动采取措施进行阻止或修复，从而提高安全性和响应速度。

AI 在安全防护中的作用如下。

1.异常检测。通过机器学习算法，AI 可以分析大量的网络流量、用户行为、系统日志等数据，建立基线模型，并检测出与基线模型不符的异常行为。这些异常可能是潜在的安全威胁，包括恶意软件感染、内部滥用、未经授权的访问等。基于AI的异常检测系统能够帮助企业及时发现潜在的安全风险，并采取相应的防护措施。

2. 入侵预防。AI可以应用于入侵检测系统（IDS）和入侵预防系统（IPS），通过分析网络流量、系统日志等数据，识别出潜在的入侵行为，并及时阻止攻击者的入侵尝试。AI可以帮助加强网络安全防护，防止恶意攻击者对企业网络造成损害。

3. 自动化威胁响应。基于AI的安全解决方案还可以实现自动化的威胁响应。一旦发现安全威胁，AI系统可以自动采取相应的措施，如隔离受感染的系统、封锁恶意流量、更新安全策略等，以减少安全事件造成的影响，并加速恢复时间。

4. 预测和识别新型安全威胁。AI技术在预测和识别新型安全威胁方面发挥着重要作用。通过对大量的安全数据进行分析和挖掘，AI可以发现潜在的安全威胁模式和攻击趋势，帮助企业提前预警并应对新型的安全威胁。例如，AI可以分析恶意软件的行为特征，识别新型的恶意软件变种；AI还可以分析网络攻击的模式和特征，预测未来可能发生的攻击事件。

7.1.3.3 容器安全技术

随着容器技术的广泛应用，容器安全成为了一个热门话题。容器安全技术包括容器镜像的安全扫描、容器运行时的安全监控、容器网络的安全隔离等方面，可以帮助保护云计算环境中的容器化应用程序免受安全威胁。

容器安全是保护云计算环境中容器化应用程序免受安全威胁的重要措施，涵盖了容器镜像的安全扫描、容器运行时的安全监控以及容器网络的安全隔离等方面。以下将详细说明这些内容。

1. 容器镜像的安全扫描。容器镜像是容器化应用程序的基础，其安全性直接影响到应用程序的整体安全。容器镜像的安全扫描通过对镜像内部的组件、依赖和配置进行扫描和分析，检测其中的漏洞、恶意代码或不安全的配置，从而及时发现潜在的安全风险。例如，容器镜像扫描工具可以对镜像中的软件包版本、漏洞、依赖关系等进行检测，发现可能存在的安全问题，并提供修复建议。

2. 容器运行时的安全监控。容器运行时是容器在宿主机上执行的环境，容器运行时的安全监控是确保容器在运行时不受到攻击或异常行为的保护措施。通过实时监控容器的行为、系统调用、文件操作等，可以及时发现异常行为并采取相

应措施。例如，容器运行时安全监控工具可以监控容器进程的行为，检测是否存在异常进程、权限提升等安全问题，并及时报警或阻止恶意行为。

3.容器网络的安全隔离。容器网络安全隔离是保护容器之间以及容器与外部网络之间通信安全的重要手段。通过实施网络隔离策略、安全组规则和访问控制等措施，可以防止容器之间的攻击扩散以及来自外部网络的攻击入侵。例如，容器网络安全隔离工具可以实现容器之间的隔离通信，限制容器对外部网络资源的访问权限，从而防止未经授权的网络访问和数据泄露。

7.1.3.4 智能安全分析技术

智能安全分析技术结合了大数据分析和人工智能技术，能够对海量的安全日志和事件进行分析和挖掘，发现隐藏的安全威胁和异常行为。通过对云计算和大数据环境中的安全数据进行智能分析，可以及时发现并应对安全威胁，提高安全性和响应能力。

智能安全分析是一种结合大数据分析和人工智能技术的先进安全技术，其主要目的是对海量的安全日志和事件进行智能化分析和挖掘，以发现隐藏的安全威胁和异常行为。

智能安全分析技术的关键特点和优势包括以下几点。

1.大数据分析能力。智能安全分析技术可以处理海量的安全数据，包括安全日志、网络流量、用户行为等。利用大数据分析技术，能够挖掘数据中的潜在安全威胁和异常行为。通过对大数据的分析，可以发现安全事件之间的关联性和模式，及时识别潜在的安全威胁。

2.人工智能技术支持。智能安全分析技术结合了人工智能技术，如机器学习、深度学习和自然语言处理等，可以实现对安全数据的智能化处理和分析。通过训练机器学习模型，智能安全分析系统能够自动学习和识别安全事件的模式和特征，从而实现对安全威胁的自动化检测和预警。

3.及时发现安全威胁。智能安全分析技术能够实现实时监控和分析安全数据，及时发现潜在的安全威胁和异常行为。通过实时分析安全数据流，智能安全分析系统能够发现安全事件发生的迹象，并及时发出警报或触发相应的安全响应措施，以阻止安全威胁的进一步扩散和损害。

4. 提高安全性和响应能力。智能安全分析技术可以帮助企业提高安全性和响应能力，及时应对各种安全威胁和攻击事件。通过及时发现和分析安全威胁，智能安全分析系统能够帮助企业迅速采取措施，加强网络安全防护，保护重要数据和业务系统的安全。

举例来说，智能安全分析技术可以应用于网络 IDS 和 SIEM，实现对网络流量和安全事件的实时监控和分析。通过分析网络流量和安全日志，智能安全分析系统可以发现异常的网络行为和潜在的安全威胁，及时采取措施进行防御和响应，从而保护企业的网络安全。

7.1.3.5 端到端加密技术

端到端加密是一种在数据在传输和存储过程中保护数据安全的技术，其核心思想是在数据的发送方和接收方之间建立一个安全的通信通道，确保数据在传输和存储过程中不被窃取、篡改或窥探。这种加密方式保证了数据的机密性和完整性，即使数据在传输过程中被截获，也无法被解密和篡改，从而有效提高了数据的安全性。

具体来说，端到端加密的工作原理如下。

1. 加密数据。在数据发送方，数据会经过加密算法进行加密处理，将明文数据转换成密文。加密过程中使用密钥对数据进行加密，确保只有掌握正确密钥的接收方才能解密数据。

2. 传输加密数据。加密后的数据通过安全的通信通道传输到接收方，例如通过互联网或局域网。在传输过程中，即使数据被截获，截获者也无法获取原始数据，因为数据已经被加密处理。

3. 解密数据。在数据接收方，接收到加密数据后，使用正确的密钥进行解密操作，将密文数据还原成明文数据，使其可被使用或阅读。

端到端加密在云计算和大数据环境中具有重要意义，主要体现在以下几个方面。

1. 保护数据隐私。在云计算环境中，数据通常会通过公共网络进行传输，存在被窃取的风险。采用端到端加密技术可以保护数据的隐私，即使数据在传输过程中被截获，也无法被窃取。

2. 防止数据篡改。端到端加密不仅可以保护数据的机密性，还可以保护数据的完整性。即使攻击者截获了加密数据并进行了篡改，由于数据的完整性校验机制，接收方会发现数据被篡改，并拒绝接收被篡改的数据。

3. 满足合规要求。许多行业和地区对数据的安全性和隐私保护提出了严格的合规要求，如一般数据保护条例（GDPR）、HIPAA 等。采用端到端加密技术可以有效地满足这些合规要求，保护用户的个人信息和敏感数据不被泄露。

7.2　隐私保护与合规性

本节概要

本节探讨了隐私保护的法律要求与行业标准，如欧盟的 GDPR 和 CCPA，以及数据加密与匿名化处理技术在隐私保护中的作用。通过案例分析，强调了企业在处理个人数据时必须遵守的法律法规，以及建立有效的隐私保护机制的重要性。

7.2.1　隐私保护的法律要求与行业标准

对于隐私保护的相关法律法规，有两个最重要的例子是欧盟的一般数据保护条例（GDPR）和加州消费者隐私法案（CCPA）。我们将对这两部法规进行详细解读，并探讨它们对企业使用云计算和大数据的影响。

7.2.1.1　一般数据保护条例（GDPR）

GDPR 于 2018 年 5 月 25 日生效，旨在保护欧盟公民的个人数据隐私和权利。它适用于所有在欧盟境内处理个人数据的组织，无论这些组织是否位于欧盟境内。GDPR 强调了对个人数据和隐私权利的保护，并对数据处理者提出了严格的要求，包括数据处理目的的透明度、数据主体的权利、数据保护措施等。

数据处理目的的透明度要求企业必须清楚地告知用户其个人数据的收集和使用目的，并获取用户的明确同意。这意味着企业在使用云计算和大数据时，必须

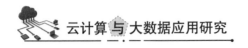

提供清晰明了的隐私政策，向用户解释其数据的处理方式。

数据主体的权利要求企业必须尊重数据主体的权利，包括访问、更正和删除等。这意味着企业必须确保其使用的云计算和大数据系统能够支持数据主体的这些权利，并能够及时响应用户的请求。

数据保护措施要求企业必须采取适当的技术和组织措施来保护个人数据的安全性和隐私性。这意味着企业在选择云计算和大数据服务提供商时必须确保其具有足够的安全措施，以防止数据泄露和未经授权的访问。

7.2.1.2 加州消费者隐私法案（CCPA）

CCPA 于 2020 年 1 月生效，旨在增强消费者对其个人信息的控制权，类似于 GDPR。该法案适用于在加州经营且符合特定标准的企业。它对企业规定了严格的要求，包括数据披露、用户权利、数据保护等。

数据披露要求企业必须向消费者披露其收集的个人信息的种类和用途，并告知消费者是否将其个人信息出售给第三方。这意味着企业在使用云计算和大数据时，必须向消费者提供透明的数据收集和使用政策。

用户权利要求企业必须为消费者提供访问、删除和禁止出售其个人信息的权利。这意味着企业必须确保其使用的云计算和大数据系统能够支持消费者的这些权利，并能够方便地处理用户的请求。

数据保护要求企业必须采取适当的安全措施来保护个人信息的安全性。这意味着企业在选择云计算和大数据服务提供商时，必须确保其具有足够的安全性措施，以防止数据泄露和未经授权的访问。

综上所述，GDPR 和 CCPA 等隐私保护法律法规对企业使用云计算和大数据产生了深远影响。企业必须遵守这些法规的要求，并采取适当措施来保护用户的个人数据，以防止数据泄露和未经授权的访问。这些法规的实施促使企业更加注重数据隐私和安全性，加强了对云计算和大数据系统的管理和监管。

7.2.2 数据加密与匿名化处理技术

数据加密是将原始数据转换成密文的过程，使未经授权的用户无法直接读取或理解数据内容。只有具有解密密钥的授权，用户才能解密并访问数据。

常见的数据加密技术包括对称加密和非对称加密。对称加密使用相同的密钥对数据进行加密和解密，而非对称加密分别使用公钥和私钥进行加密和解密操作。

在数据分析中，加密技术可以在保护数据隐私的同时，允许对加密数据进行计算和分析。例如，在云计算环境中，数据所有者可以将数据加密后存储在云端，只有在需要进行分析时才解密数据，并在计算完成后再次加密。

匿名化处理是指通过对原始数据中的个人识别信息进行删除、替换或模糊处理，使数据不再直接关联到特定个人身份，从而保护个人隐私。

匿名化处理技术包括去标识化、脱敏、泛化等方法。去标识化是指删除或替换个人身份信息，使数据无法直接关联到具体个人；脱敏是指对个人身份信息进行模糊处理，例如将具体的姓名替换为通用的标识符；泛化是指对个人数据进行概括化处理，例如将具体的年龄转换为年龄段。

在数据分析中，匿名化处理技术可以在保护个人隐私的同时，允许对匿名化后的数据进行分析和利用。例如，在医疗领域，匿名化处理可以应用于患者的健康记录数据，以保护患者的隐私，同时允许医疗研究人员对数据进行分析和挖掘。

总的来说，数据加密和匿名化处理技术是保护个人隐私的重要手段，在数据分析和利用过程中发挥着至关重要的作用。通过这些技术，可以确保数据在传输、存储和处理过程中的安全性和隐私性，同时又不影响数据的可用性和分析效果。

7.2.3　企业如何建立有效的隐私保护机制

建立有效的隐私保护机制对企业来说至关重要，尤其是在处理大量个人数据的情况下。以下是一些步骤和策略，可以帮助企业建立有效的隐私保护机制。

7.2.3.1　企业应制定明确的隐私政策

企业需要详细说明个人数据的收集方式、使用方式、存储方式和分享方式，以及用户的权利和选择。这样的政策可以提高用户的信任度，同时也能够保护企业免受法律责任。在隐私政策中，关于个人数据的收集，应明确指出在什么情况下、通过哪些途径、收集哪些具体类型的个人数据。例如，企业可能会在用户注册、购买产品或使用服务时收集姓名、联系方式、地址等基本信息，或者在用户浏览网页时通过 cookies 等技术收集浏览行为数据。同时，应强调收集这些数据的目的是更好地满足用户需求、提供个性化服务或改进产品等，让用户清楚了解数据收集的合理性。对于数据的使用方式，要详细说明个人数据将如何在不同的业务场景中被使用。例如，数据可能用于精准广告投放、市场分析、用户画像构建等。同时，企业需保证在使用过程中会遵循合法、合规和道德的原则。在存储方面，应阐述数据将被存储在何处，并说明采取了怎样的安全措施来保障数据的安全性和保密性。这包括但不限于使用加密技术、定期进行安全审计、设置严格的访问权限等，以让用户放心其数据不会轻易被泄露或滥用。关于数据的分享方式，需明确告知用户在何种情况下企业可能会与第三方分享个人数据，以及这些第三方的类型和用途。例如，与合作伙伴共享数据以提供更全面的服务，或者在法律要求的情况下向相关部门提供数据等。同时，隐私政策中还应明确规定用户拥有的权利，如知情权、访问权、更正权、删除权等。让用户知道他们有权了解自己的数据被如何处理，并且可以随时要求查看、修改或删除自己的数据。

7.2.3.2 对敏感数据进行风险评估

企业需要将数据分类为敏感数据和非敏感数据，并对敏感数据进行风险评估，以确定可能存在的隐私风险。企业需要了解所拥有的数据类型和数量，以及数据的敏感程度，从而有针对性地制定隐私保护措施。

首先，企业需要将数据明确分类为敏感数据和非敏感数据。敏感数据通常包括但不限于个人身份信息，如身份证号码、护照信息、社会保险号码等；财务信息，如银行账号、信用卡信息、交易记录等；健康信息，如医疗记录、疾病诊断信息等；以及一些特定的个人偏好或行为数据，如性取向、宗教信仰等。而非敏感数据则可能包括一些公开可获取的信息，如用户的公开社交动态、一般兴趣爱好等。对敏感数据进行全面的风险评估是必不可少的环节。在这个过程中，需要仔细分析每一种敏感数据可能存在的隐私风险。比如，个人身份信息若被泄露，可能导致身份盗窃、欺诈等风险；财务信息的泄露可能引发经济损失和信用危机；健康信息的曝光可能侵犯个人隐私并带来一系列不良后果。

企业必须深入了解自身所拥有的数据类型和确切数量。这需要建立完善的数

据管理体系,通过数据清查、分类整理等手段,清晰地掌握每一类数据的具体情况。

　　同时, 企业还需要准确评估数据的敏感程度。有些数据可能敏感度极高,一旦被泄露会造成极其严重的后果,而有些数据的敏感度相对较低,但也不能忽视其潜在风险。基于对数据的全面了解,企业就能够有针对性地制定隐私保护措施。对于高度敏感的数据,可能需要采取多重加密技术、严格的访问控制、定期的数据备份和恢复措施等,以最大程度地保障其安全性。对于敏感程度较低的数据,也需配备相应的保护手段,如合理的存储方式、适当的访问权限设置等。

　　此外, 企业还需不断监测和评估这些保护措施的有效性,并随着技术的发展和环境的变化及时进行调整和完善。定期对数据进行重新评估和分类,以确保隐私保护措施始终能够适应新的情况和需求。通过这样细致入微的工作,企业才能切实保障用户数据的隐私安全,提升自身的信誉和竞争力。同时,这也有助于更好地应对日益严格的法律法规要求,避免可能出现的法律风险和负面事件。

　　以下是一份隐私政策的范本。

《[公司名称]隐私政策》

尊敬的用户:

　　[公司名称](以下简称"本公司"或"我们")非常重视用户的隐私和个人信息保护。本隐私政策旨在向您说明我们如何收集、使用、存储、共享和保护您的个人信息,以及您享有的相关权利。请您仔细阅读并理解本政策。

　　一、个人信息的收集

　　我们可能会在以下情况下收集您的个人信息:

　　当您注册、登录我们的产品或服务时;

　　当您使用我们的产品或服务过程中;

　　以及当您与我们进行互动、沟通时。

　　收集的个人信息类型包括但不限于:姓名、性别、联系方式、账号信息、设备信息、位置信息、浏览记录等。

　　二、个人信息的使用

　　我们会将收集到的个人信息用于以下目的:

　　为您提供个性化的产品和服务;

　　改善我们的产品和服务质量;

进行市场分析和研究；

与您沟通和互动；

遵守法律法规的要求。

三、个人信息的存储

我们会采取合理的安全措施来存储您的个人信息，确保其安全性和保密性。存储期限将根据业务需要和法律法规的要求确定。

四、个人信息的共享

我们可能会在以下情况下与第三方共享您的个人信息：

与我们的合作伙伴共同为您提供服务；

应法律法规的要求；

在必要的情况下进行合法的商业交易。

我们会确保第三方遵守与我们相同的隐私保护标准。

五、您的权利

您有权：

了解我们收集和使用您个人信息的情况；

要求更正或删除您的个人信息；

限制我们对您个人信息的使用；

反对我们对您个人信息的某些处理方式；

要求获取您个人信息的副本。

您可以通过我们指定的方式行使您的权利。

六、隐私政策的更新

我们会根据业务发展和法律法规的变化适时更新本隐私政策。更新后的政策将在我们的网站或产品中公布，建议您定期查看。

七、联系方式

如果您对本隐私政策有任何疑问或意见，您可以通过以下方式与我们联系：

［具体联系方式］

感谢您对我们的信任和支持。

［公司名称］

［具体日期］

7.2.3.3　对敏感数据采用加密和匿名化处理

对敏感数据采用加密和匿名化处理技术，以保护个人隐私。例如，在云存储中，采用端到端加密技术可以确保数据在传输和存储过程中的安全性，而对个人身份信息进行匿名化处理可以降低数据泄露的风险。

加密技术就像是为敏感数据加上了一道坚固的锁。以端到端加密技术为例，在云存储环境中，当用户将敏感数据上传至云端时，数据会在发送端被加密处理，形成一段看似无意义的密文。然后，这段密文会通过网络传输到云存储服务器。在整个传输过程中，即使数据被中途拦截，由于处于加密状态，拦截者也无法理解其真实内容。当数据到达云存储服务器后，仍然以密文形式存储。只有拥有正确密钥的授权用户，在需要使用数据时，通过对应的解密过程，才能将密文还原为原始的敏感数据。这样就有效地确保了数据在传输和存储这两个关键环节的安全性，防止敏感数据被未经授权的人员获取或篡改。

匿名化处理技术则是用一种巧妙的方法来降低个人隐私泄露的风险。当涉及个人身份信息时，通过匿名化处理，将能够直接标识个人身份的关键信息去除或替换。比如，将具体的姓名、身份证号码等替换为无实际指向性的标识符。这样，即使数据在某些情况下被泄露，由于个人身份信息已经被匿名化，也很难直接关联到具体的个人。这极大地降低了数据泄露可能带来的严重后果，保护了个人的隐私和权益。

此外，加密和匿名化处理技术的实施需要严格遵循相关的标准和规范。密钥的管理必须高度安全，以确保不被泄露。同时，匿名化处理的算法和流程也需要经过严格验证和测试，以保证匿名化效果的可靠性。企业或组织还需要建立完善的安全管理体系，对加密和匿名化处理技术的应用进行有效的监控和维护，及时发现并解决可能出现的问题。

通过这些全面而细致的措施，我们可以更好地保护敏感数据中的个人隐私，为用户提供更可靠的安全保障，并在数字化时代维护个人信息的安全和尊严。

7.2.3.4　建立严格的访问控制和权限管理机制

企业应建立严格的访问控制和权限管理机制，限制员工和外部合作伙伴对个人数据的访问和使用权限。只有经过授权的人员才能访问敏感数据，并且需要记录和审计其操作行为。

对于企业内部的员工，应根据其工作职责和业务需求进行细致的权限划分。例如，一线业务人员可能仅被授予访问与他们直接相关的业务数据的权限，而高级管理人员可能会有更广泛的查看和决策相关数据的权限。这样可以避免无关人员接触到不应接触的数据，降低数据泄露的风险。

同时，通过技术手段，如设置访问密码、身份验证等，确保只有拥有特定权限的员工能够进入相应的数据区域。对于外部合作伙伴，同样需要明确界定他们可以访问和使用的个人数据范围。双方应通过合同或协议明确规定其权限，并严格按照约定执行。可以根据合作的性质和目的，给予有限的、特定的数据访问权，而不是无限制地开放所有数据。

为了确保授权的准确性和合规性，企业还需要建立完善的记录和审计系统。每一次对敏感数据的访问和操作行为都应被详细记录下来，包括访问的时间、人员、操作内容等。这样，一旦发生数据安全问题，可以通过回溯这些记录，快速找到相关责任人并了解具体情况。同时，定期对这些记录进行审计，可以发现潜在的安全隐患和违规行为，及时进行纠正和处理。

此外，企业还应不断评估和优化访问控制和权限管理机制。随着业务的发展和变化，权限设置也需要相应地进行调整和更新，以适应新的需求和挑战。同时，应对员工和合作伙伴进行持续的培训和教育，增强他们的安全意识和合规意识，使其明白严格遵守权限规定的重要性。通过以上一系列措施的综合实施，企业可以有效地保障个人数据的安全，降低数据泄露的风险，维护企业和用户的利益。

7.2.3.5　定期进行隐私保护机制的检查和评估

企业应定期进行隐私保护机制的检查和评估，及时发现和解决潜在的安全漏洞和隐私风险。随着技术和法规的变化，隐私保护机制也需要不断更新和改进，以适应新的挑战和要求。

例如，一家电子商务公司可以通过建立严格的隐私政策，加密用户的个人信息，并限制员工对用户数据的访问权限，以保护用户的隐私。此外，该公司还可以定期进行安全审计和漏洞扫描，确保隐私保护机制的有效性和可靠性。

通过这些措施，企业可以建立起有效的隐私保护机制，保护用户的个人数据不受未经授权的访问和滥用。

第 8 章 云计算与大数据的法律与伦理问题

本章深入探讨了云计算与大数据领域的法律与伦理问题。首先，概述了中国和国外云计算和大数据相关的法律法规，如《中华人民共和国网络安全法》、GDPR 和 CCPA 等。接着，讨论了企业如何合规地使用云计算与大数据技术，包括法律风险评估、合规性审计、数据隐私保护和合规性培训等关键步骤。此外，还分析了企业在云计算与大数据应用中的社会责任，包括环境保护、公平竞争和消费者权益保护等方面。

8.1 法律法规的遵守与风险规避

本节概要

　　本节讨论了企业在使用云计算和大数据技术时，如何遵守相关法律法规以规避风险。这包括进行全面的法律风险评估，了解可能涉及的法律风险和合规要求；定期进行合规性审计，确保技术应用符合法规；制定严格的数据隐私保护政策和措施，确保用户个人信息的合法、安全和合理处理。

8.1.1 云计算与大数据相关的法律法规概览

表 8-1　国内外云计算和大数据相关法律法规对照表

地区	法律法规	生效时间	主要内容
中国	《中华人民共和国网络安全法》	2017年6月1日	保障网络安全，包括网络基础设施安全、网络运营安全、网络信息安全等
中国	《中华人民共和国数据安全法》	2021年9月1日	规范数据的收集、使用、存储和传输等，保护数据安全
中国	《中华人民共和国个人信息保护法》	2021年8月20日	规范个人信息的收集、使用、存储、传输等，保障个人信息权益
中国	《网络安全审查办法》	2022年2月15日	规定关键信息基础设施运营者的安全审查要求
中国	《云计算服务安全评估办法》	2019年7月2日	规定云计算服务安全评估的流程和要求
中国	《工业和信息化领域数据安全管理办法（试行）》	2023年1月1日	提出大数据的安全管理要求
欧盟	通用数据保护条例（GDPR）	2018年5月25日	适用于欧盟境内及与欧盟公民相关的个人数据处理，强调个人数据保护和隐私权利

地区	法律法规	生效时间	主要内容
美国	加州消费者隐私法案（CCPA）	2020 年 1 月 1 日	加强对个人数据隐私的保护，规定企业对消费者个人信息的披露、访问、删除等要求
加拿大	个人信息保护与电子文件法（PIPEDA）	2000 年	规定个人信息的收集、使用、存储和保护等要求
澳大利亚	隐私法（Privacy Act）	1988 年已实施	规定个人信息的收集、使用、存储和保护等要求

以下是中国和国外云计算和大数据相关的主要法律法规概览。

中国

《中华人民共和国网络安全法》：该法于 2017 年 6 月 1 日生效，旨在保障网络安全，维护国家安全和社会公共利益。主要内容包括网络基础设施安全、网络运营安全、网络信息安全等方面的规定，对云计算和大数据领域也有一定的覆盖。

《中华人民共和国数据安全法》：此法旨在规范数据的收集、使用、存储和传输等行为，保护数据安全。这项法律对云计算和大数据领域的数据安全提出了更加具体的要求。

《中华人民共和国个人信息保护法》：该法对个人信息的收集、使用、存储、传输等方面进行了规范，明确了个人信息处理者的义务和责任，保障了个人的信息权益。

《网络安全审查办法》：该办法规定了关键信息基础设施运营者采购网络产品和服务，以及数据处理者开展数据处理活动时的安全审查要求，以确保网络安全和数据安全。

《云计算服务安全评估办法》：该办法规定了云计算服务安全评估的流程和要求，旨在提高云计算服务的安全性和可信度。

《工业和信息化领域数据安全管理办法（试行）》：该办法对大数据的安全管理提出了要求，包括数据分类分级、安全防护、应急处置等方面。

国外

GDPR：该法规于 2018 年 5 月 25 日生效，适用于欧盟境内以及与欧盟公民相关的个人数据处理行为。GDPR 强调了个人数据的保护和隐私权利，对数据的收集、使用、存储和分享等方面提出了严格的规定。

CCPA：该法案于 2020 年 1 月 1 日生效，旨在加强对个人数据隐私的保护。CCPA 规定了企业对消费者个人信息的披露、访问、删除和禁止销售等方面的要求。

PIPEDA：该法案于 2000 年通过，规定了个人信息的收集、使用、存储和保护等方面的要求，旨在保护加拿大公民的个人隐私权益。

Privacy Act：该法案规定了个人信息的收集、使用、存储和保护等方面的要求，旨在保护澳大利亚公民的个人隐私权益。

以上这些法律法规在数据保护、网络安全等方面提出了一系列的要求和规定，对云计算和大数据领域的数据处理和隐私保护产生了深远影响。企业在开展相关业务时，需要严格遵守这些法规的条款，强化数据保护和网络安全措施，以确保用户的个人隐私和数据安全得到充分保障。

8.1.2 企业如何合规地使用云计算与大数据技术

在使用云计算和大数据技术时确保合规性，是企业不可推卸的责任。合规性包括遵守相关的法律法规、行业标准、数据隐私保护规定等。

以下是企业在使用云计算和大数据技术时，遵守相关法律法规的几个关键点。

8.1.2.1 法律风险评估

企业在使用云计算和大数据技术时，首先应进行全面的法律风险评估，了解可能涉及的法律风险和合规要求。这包括但不限于数据隐私法规、知识产权法律、跨境数据传输规定等方面。

通过对风险进行评估，企业可以更好地制定有效的合规策略与措施。明确需要评估的云计算和大数据技术的应用范围，包括涉及的数据类型、处理方式、存储位置等。

深入了解适用的数据隐私法规，如《中华人民共和国个人信息保护法》等，严格评估企业在数据收集、使用、存储和共享等操作中是否符合法规要求。在此过程中，要特别关注数据主体的权利保护和数据安全措施等方面。审查企业在云计算和大数据技术中的知识产权情况，包括软件使用许可和数据的知识产权归属等。确保企业在使用第三方技术和数据时遵守相关法律规定，避免任何潜在的侵权风险。

如果涉及跨境数据传输，务必了解相关国家和地区的传输规定，如《中华人民共和国网络安全法》等，确保数据传输既合规又安全。评估是否需要采取数据本地化措施或获得相关传输许可。审查与云计算服务提供商、合作伙伴和客户之间的合同和协议，明确各方的权利和义务，包括数据安全责任和服务水平协议等。

评估企业采取的安全措施是否符合法规要求，包括数据加密、访问控制和备份恢复等，确保这些安全措施能够有效保护数据的安全性和完整性。

评估员工对数据隐私和安全法规的了解程度，并为员工提供相应的培训和教育，增强员工的法律意识和合规意识。

法律风险评估是一个动态过程，企业应持续关注并定期进行评估，以适应法律法规的更新和技术的迭代升级。如有需要，可以寻求专业法律顾问或律师的意见，确保评估的全面性和准确性。

8.1.2.2　合规性审计

企业应定期进行合规性审计，确保其使用的云计算和大数据技术符合相关法律法规和行业标准。

审计内容可以包括数据处理流程、数据安全措施、用户隐私保护等方面。审计结果可以帮助企业及时发现存在的风险，并采取相应的改进措施。

在数据处理流程方面，审计需要仔细审查数据从收集到存储、使用、共享直至销毁的整个链条。这包括确认数据收集的合法性，是否明确告知用户数据的用途并取得其同意；检查数据存储的安全性，是否采取了适当的加密技术和访问控制措施来保护数据；核实数据使用和共享是否遵循了事先规定的原则和范围，是

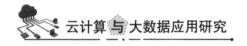

否存在未经授权的行为。

对于数据安全措施的审计，需要考察企业是否建立了完善的安全管理体系。这包括防火墙的设置、入侵检测系统的运行、安全漏洞的定期排查与修复、员工安全意识培训的落实情况等多个方面。要确保企业在技术和管理层面都能抵御潜在的安全威胁。

在用户隐私保护方面，审计应着重关注企业是否严格执行相关法律法规对用户隐私的保护要求。例如，企业是否妥善处理用户的个人信息，是否提供便捷的用户隐私设置和管理功能，以及在发生数据泄露等事件时是否有及时有效的应急响应机制。

通过这样全面深入的审计，企业能够获得多方面的益处。一方面，审计结果能够清晰地呈现出企业在云计算和大数据技术应用中存在的合规风险点。这些风险点既包括之前被忽视的细节问题，也包括随着业务发展和环境变化而新出现的挑战。及时发现这些问题，可以避免其进一步恶化，降低潜在的法律风险和声誉损害。另一方面，根据审计结果，企业可以有针对性地采取改进措施。这可能包括完善数据处理流程的某个环节，加强特定的数据安全措施，或者对员工进行更深入的隐私保护培训。

通过这些改进措施，企业能够不断提升其合规水平，增强自身在市场中的竞争力和可信度。此外，定期进行合规性审计还能向企业的利益相关者，如客户、合作伙伴和监管机构，传递出企业对合规工作的重视和积极态度。这有助于建立良好的合作关系和信任基础，为企业发展赢得更多的支持和助力。

8.1.2.3 数据隐私保护

数据隐私保护是在使用云计算和大数据技术时需要特别关注的一个方面。企业应制定严格的数据隐私保护政策和措施，确保用户的个人信息得到合法、安全、合理的处理和保护。这包括明确数据收集和使用目的、获得用户授权、建立数据安全保护机制等。

具体来说，企业首先需要制定全面且严格的数据隐私保护政策。这一政策应明确规定在数据收集阶段，要清晰地阐明收集数据的具体目的和用途。例如，提供更好的服务、进行市场分析还是其他特定用途。确保这些目的明确且合法，不

进行模糊或过度宽泛的数据收集。

为了确保合法性，获得用户授权是必要的环节。企业需要以清晰易懂的方式向用户解释数据收集和使用的详细情况，包括可能涉及的数据类型、用途以及可能的共享对象等。通过明确的告知和同意机制，让用户能够自主决定是否愿意提供其个人信息。

在建立数据安全保护机制方面，企业需要投入足够的资源和精力。一方面，要采用先进的技术手段，如加密技术、身份验证系统、访问控制策略等，确保只有授权人员能够访问和处理数据。另一方面，要定期对数据安全系统进行检测和更新，以应对不断演变的安全威胁。

企业应设立专门的团队或岗位负责数据隐私保护工作。该团队负责监督政策的执行情况，及时发现和处理可能出现的数据隐私问题。包括监测数据处理流程是否符合规定，评估是否存在数据泄露的风险等。

此外，要应对员工进行数据隐私保护方面的培训和教育，增强他们的安全意识和责任感。确保员工充分认识并了解数据隐私的重要性，并在日常工作中正确处理用户的个人信息。

在数据存储和传输过程中，应采取严格的安全保护措施。存储的数据应放置在安全可靠的环境中，以防止非法访问和窃取。在数据传输时，要应采用加密等技术保障数据的安全性。在数据处理和使用中，应遵循合理的原则，不进行超出授权范围的数据处理，以防止用户个人信息的滥用或用于不正当目的。

最后，企业还需建立应急响应机制，一旦发生数据泄露或其他数据隐私事件，应迅速采取行动，减少损失并及时通知用户。

通过实施上述一系列严格的数据隐私保护政策和措施，企业才能真正保障用户的个人信息得到合法、安全和合理的处理与保护，从而在云计算和大数据环境下赢得用户的信任和良好口碑。

8.1.2.4 合规性培训

对企业相关人员进行合规性培训，使其了解使用云计算和大数据技术的合规要求和注意事项。培训内容可以包括法律法规的基本知识、数据隐私保护的原则和方法、合规性审计的要求等。通过培训，可以增强员工的合规意识和能力，减

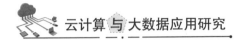

少合规风险的发生。

首先，在法律法规的基本知识培训方面，要详细讲解与云计算和大数据技术相关的各项法律法规。例如，涉及数据安全的法规，明确规定了企业在数据处理、存储和传输等方面的义务和责任；还有知识产权方面的法规，使员工清楚在利用技术过程中如何避免侵权行为。

对于数据隐私保护的原则和方法，培训内容应涵盖如何确定数据隐私的重要性等级，不同等级数据的保护策略和操作规范。员工需要了解数据收集、使用和共享的合法边界，以及如何采取有效的技术和管理措施来保障数据的隐私。例如，如何正确设置访问权限、数据加密的方法和要点等。

在合规性审计的培训中，应向员工清晰阐述审计的目的、流程和重点关注事项。让他们了解审计会检查哪些方面，以及在日常工作中应如何做好准备，以配合审计工作的顺利开展。同时，通过案例分析等方式，让员工切实体会到合规性审计对企业的重要意义。通过这样的培训，可以带来多方面的积极影响。

从员工层面来看，增强合规意识能够使他们在工作中更加自觉地遵守法律法规和企业规定，避免因无知或疏忽发生违规行为。同时，这也增强了他们在合规方面的能力，使其能够更好地应对复杂多变的技术环境和合规要求。

从企业整体层面而言，提升员工的合规意识和能力，将大大降低合规风险的发生概率。这有助于维护企业的良好声誉和形象，避免因合规问题带来法律纠纷、经济损失等不良后果。此外，一支高素质的合规团队能够更好地适应行业的发展和监管的变化，为企业的持续稳定发展提供有力保障。

在培训方式上，可以采用多种形式相结合的方法。例如，举办集中的课堂培训、线上学习课程、定期的合规知识分享会等。还可以结合实际工作场景，进行模拟演练和案例讨论，让员工在实践中加深对合规知识的理解和掌握。

此外，企业还应建立相应的考核机制，确保员工真正掌握培训内容，并将合规要求落实到实际工作中。

总之，通过全面、深入的合规性培训，企业能够打造出一支具备高度合规意识和能力的团队，为企业在云计算和大数据领域的健康发展保驾护航。

8.1.2.5　与供应商合作

企业应与云计算和大数据技术的供应商密切合作，确保其提供的服务符合相关法律法规和合规标准。这包括了解供应商的合规性管理体系、签订合规性协议、定期进行供应商审计等。

与供应商的合作关系对于企业确保合规性至关重要。

首先，深入了解供应商的合规性管理体系是必不可少的一步。这意味着企业要仔细审查供应商在数据安全、隐私保护、服务质量等方面的管理流程和制度。企业需要了解供应商如何确保数据的合法处理和存储，是否有完善的安全防护机制，以及针对潜在风险的应对策略。

其次，签订合规性协议是明确双方责任和义务的重要举措。在协议中，应详细规定供需商应遵守的法律法规和合规标准，以及违反规定时的责任承担方式。协议还须包括数据保护条款、服务水平承诺等内容，以全面保障企业的合法权益。

再次，定期进行供应商审计是确保合规性的重要手段。通过审计，企业可以实地考察供应商的运营情况，验证其是否切实履行了合规性协议中的各项要求。审计内容可以涵盖供应商的数据中心设施、安全管理措施、员工培训情况等多个方面。如果发现问题，企业可以及时与供应商沟通并要求其进行整改。

与供应商的合作关系之所以至关重要，原因是多方面的。一方面，作为提供技术服务的一方，供应商的合规性状况直接影响到企业自身的合规水平。如果供应商存在合规漏洞，可能会导致企业的数据安全受到威胁，引发法律纠纷和声誉损害。另一方面，与供应商紧密合作，可以确保企业在云计算和大数据技术的应用过程中获得稳定、可靠且合规的服务。这有助于企业更好地发挥技术优势，提高运营效率和竞争力。此外，良好的合作关系还能促进双方在合规方面的信息共享和经验交流。供应商能提供行业内的最新合规动态和最佳实践，帮助企业及时调整和完善自身的合规策略。

在合作过程中，企业需要保持独立性和判断力。不能完全依赖供应商的自我声明和承诺，而应通过自身的调查和监督来确保合规性。同时，要与供应商建立有效的沟通机制，及时解决合作中出现的合规问题，这是确保双方合作关系稳定和顺畅的关键。

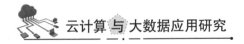

8.1.3 应对法律风险的策略与建议

云计算技术和大数据分析的融合可能导致个人和敏感数据的大规模收集、存储和处理,不可避免地涉及个人隐私和数据保护等问题,从而带来法律风险。因此,企业需要遵守相关的数据隐私保护法律法规,如 GDPR、CCPA 等,以确保合规性,防止个人数据的非法收集和滥用,保护个人权益不受侵害。

在进行大数据分析的过程中,可能涉及知识产权等问题,如数据的所有权、数据使用权等。这些归属问题都应该有清晰明确的界定。企业需要在合同中明确规定与数据知识产权相关的权利和义务,以防止纠纷的发生。

云计算和大数据环境中的数据安全和网络安全问题是法律面临的重要风险之一。一旦出现数据泄露、网络攻击等安全问题,企业不仅会遭受经济损失,还可能面临法律责任和声誉损害。企业需要采取有效的安全措施来保护数据和网络安全,以避免法律风险和潜在损失。

与云服务提供商和数据处理方签订的合同中可能包含风险条款,如服务水平协议、责任限制条款等。企业的法务部门需要仔细审查合同条款,确保合同内容符合法律法规的要求,以避免合同纠纷和法律责任。

云计算和大数据的融合也受到监管机构的监督和审查,如电信管理局和各类数据保护监管机构等。这些监管机构通过关注企业的数据使用和处理情况,行使其监管和审查职能。企业需要遵守相关的监管规定和合规要求,否则可能面临处罚和法律责任。

数据的跨境传输是企业常见的业务之一,这项业务涉及不同国家或地区的数据保护法规和监管要求,可能存在合规性风险。企业需要了解并遵守不同国家或地区的数据传输规定,以免触犯相关法律法规,并采取适当措施保护数据的安全和隐私。

为应对上述风险和挑战,企业在应对法律风险时可以采取以下策略。

内部审计是评估和监督企业内部运作的重要手段,可以帮助企业及时发现和解决潜在的法律风险。通过内部审计,企业可以对业务流程、数据处理、合同执行、知识产权保护等方面进行全面检查和评估,从而发现潜在的合规问题和风险点。

企业应定期组织合规培训，以提高员工对法律法规的理解，强化员工的法律意识。培训内容应包括数据隐私保护、知识产权保护、合同执行等方面的法律要求和合规标准。通过培训，员工可以深入了解企业的合规政策和程序，从而有效规避违反法律法规带来的风险。

企业应制定明确的合规政策和规定，以规范企业内部的行为和操作。这些合规政策应涵盖数据保护、知识产权保护、合同执行等方面，尽可能全面地涉及相关条款，明确规定各项法律要求和合规标准，为员工提供清晰明确的指导和依据。

企业还应建立风险评估机制，定期对各项业务活动和运营流程进行风险评估。评估内容应包括法律合规性、合同履行、数据安全等方面的风险。通过风险评估，可以及时发现潜在的法律风险，并制定相应的应对策略。此外，应建立监督和反馈机制，对内部审计、合规培训和政策执行情况进行监督和评估。定期进行内部审核和评估，以发现和解决存在的问题和缺陷，及时调整和改进法律风险防范机制。

当法律风险成为现实时，企业应及时采取有效的应对措施来处理法律纠纷。以下是一些有效的应对策略。

一旦发生法律纠纷，企业应立即采取行动。果断的行动可以防止问题进一步恶化，并有助于保护企业的合法权益。企业日常应妥善保留所有与法律纠纷相关的证据，包括文件、电子邮件、通信记录、合同等。这些证据可以帮助企业证明自己的合法性和合规性，并在法庭上提供支持。同时，企业应寻求专业的法律咨询，了解自己的权利和义务，评估法律风险，制定应对策略。有经验的律师可以为企业提供法律建议和指导，并代表企业进行法律诉讼。在整个事件处理过程中，企业应积极参与解决法律纠纷，与相关方进行沟通和协商，寻求达成和解或调解。通过协商解决法律纠纷，可以避免长期的法律诉讼，节省时间和成本。

如果无法通过协商解决法律纠纷，企业应做好应诉准备。这包括准备诉讼材料、委托律师代理诉讼、随时准备出庭应诉等。企业需要密切配合律师，积极应对诉讼过程中的各种挑战和问题。企业在应对法律纠纷时，必须严格遵守法律程序和法庭规定，确保诉讼程序的合法性和公正性。任何违反法律程序的行为都可能对企业产生不利影响。

定期跟踪法律环境的变化，包括新颁布的法律法规、司法解释、行业标准等。一方面，通过参加法律研讨会、培训课程、订阅法律期刊等方式，及时更新企业和员工的法律知识，了解最新的法律要求和趋势。另一方面，建立法律风险预警机制，及时发现和评估潜在的法律风险。此外，通过监控行业动态、竞争对手的行为、政府监管政策等方式，预测可能出现的法律风险，并采取相应的应对措施。同时，定期对企业的业务活动和运营流程进行内部审计，以发现存在的合规问题和风险点。审计内容包括数据处理、合同执行、知识产权保护等方面，评估企业的合规性和风险水平，并及时制定改进措施。还应根据监控和评估结果，持续改进法律风险防范机制，提高其适应性和有效性。根据法律环境的变化，及时调整合规政策和规定，加强合规培训和内部审计，建立风险管理和控制措施，确保企业在不断变化的法律环境中保持合规。

建立内部反馈机制，鼓励员工积极报告发现的合规问题和法律风险，及时处理和解决。通过建立投诉渠道、匿名举报机制等方式，为员工提供举报和反馈的途径，保障内部监督和反馈的有效性和及时性。

合规性审计是一种评估企业遵守法律法规、内部政策和行业标准的过程。以下是合规性审计的最佳实践和常见挑战。

在进行合规性审计之前，应明确审计的目标和范围，确定需要审计的法律法规、内部政策和流程。这有助于确保审计的焦点和有效性。建立完善的合规性框架，包括合规政策、程序、流程和控制措施，以确保企业的业务活动符合内部和外部的合规要求。根据审计的目标和范围，选择合适的审计方法和工具。常见的审计方法包括文件审查、问卷调查和现场检查等。

在审计过程中，应确保对所有相关的法律法规和内部政策进行全面审查和评估。涵盖的范围应包括数据隐私、知识产权、合同执行和财务报告等方面。

完成审计后，应及时跟进发现的问题和缺陷，并制定相应的整改措施，确保问题得到有效解决，以防再次发生。建立持续改进机制，定期评估和更新合规性框架，确保其与法律环境的变化保持一致。不断提高合规性水平，降低法律风险。

法律法规的不断变化和复杂性是合规性审计面临的主要挑战之一。企业需要不断跟踪最新的法律法规，并确保合规性框架与之保持一致。

进行合规性审计需要投入大量的人力、时间和财力资源。资源限制可能影响审计的全面性和有效性，因此需要合理规划和管理。

企业的业务活动可能涉及多个领域和地区，涉及不同的法律法规和合规要求。对多样化业务活动进行合规性审计可能较为复杂。

信息收集和整合是合规性审计的关键步骤之一。然而，企业可能面临信息来源分散、数据质量不高等问题，从而导致信息收集和整合的困难。不同部门和员工对合规性的理解和重视程度可能存在差异，这增加了合规性审计的执行难度。面对这些挑战，企业需要采取有效措施，如加强人员培训、优化资源配置、建立信息管理系统等，以确保合规性审计的顺利进行和有效实施。企业应定期组织法律培训，向员工介绍相关法律法规、行业标准和企业政策。培训内容应包括数据隐私保护、知识产权保护、合同履行等方面的法律要求和合规标准。通过培训，员工可以了解自己的法律责任和义务，增强法律意识。

案例分析和实践经验分享是一种有效的学习方式，可以帮助员工从实际案例中学习法律知识和积累经验。组织员工参与法律案例讨论会、案例分享会等活动，分享实际工作中的法律问题和解决方案。

企业应制定明确的法律政策和规定，明确员工的法律责任和义务。将法律政策纳入企业文化和价值观中，并通过各种渠道向员工传达，强调法律合规的重要性。

为员工提供法律咨询服务，解答他们在工作中遇到的法律问题和疑问。建立畅通便捷的法律咨询渠道，使员工能够随时向专业律师或法律顾问咨询，及时解决法律问题，避免出现法律风险。

强调员工个人的法律责任和义务，让他们意识到自己在工作中的行为和决策可能对企业产生的法律影响。建立合理的奖惩机制，鼓励员工遵守法律法规和企业政策，并严惩违法违规行为。

搭建法律意识宣传平台，利用企业内部通讯平台、员工手册、社交媒体等渠道，定期发布法律意识宣传资料和案例分析，提高员工对法律问题的关注度和理解能力。

8.1.3.1 合作与共享最佳实践

1.成立行业联盟或协会。行业联盟或协会可以为同行企业提供一个共享信息和经验的平台。企业可以通过参加行业联盟或协会的会议、研讨会和工作组，与其他企业交流合规实践和法律风险防范经验等。通过合作，企业可以共同制定行业标准和最佳实践，提高整个行业的合规水平。

2.建立合规信息交流机制。企业可以建立合规信息交流机制，与业内同行分享合规信息和实践经验。通过建立合规信息交流平台或网络，企业可以及时了解行业内法律法规、监管政策和合规要求的变化，共同应对法律风险。

3.开展合作项目和活动。企业可以携手业内同行开展合作项目和活动，共同应对行业内的法律风险。例如，组织行业内的合规培训和研讨会，共同开发合规工具和资源，共分享合规技术和解决方案等。通过合作，企业可以减少法律风险的发生和影响。

4.建立合作伙伴关系。企业可以建立合作伙伴关系，与其他企业共同应对特定的法律风险。例如，与专业律师事务所、合规咨询公司或风险管理机构合作，共同开展合规项目和活动，分享法律咨询和风险评估等服务。

5.共同参与行业自律组织。企业可以共同参与行业自律组织或行业协会的工作,共同制定行业内的合规标准和行为准则。通过参与行业自律组织的活动和倡议，企业可以加强行业内的合规监管和自律管理，共同维护行业的良好形象和声誉。

8.1.3.2 案例研究

1.Google 的隐私保护措施

案例描述：在 2012 年，Google 因在 Street View 项目中收集 Wi-Fi 网络数据而面临法律诉讼。Google 被指控侵犯用户的隐私权，因为其 Street View 车辆在收集地理位置数据的同时也收集了 Wi-Fi 网络的数据。

策略和措施：Google 采取了多项措施来应对这一法律风险，包括改进数据收集和处理流程、加强隐私保护措施、增加透明度和用户控制权等。

效果：Google 通过这些措施成功化解了法律风险，并避免了更严重的法律后果。其改进的隐私保护措施也提升了用户对其产品和服务的信任度。

2. 大众汽车的排放造假案

案例描述：2015 年，大众汽车因在其柴油车型中使用排放作弊软件而面临严重的法律诉讼和罚款。这一丑闻导致大众汽车的股价暴跌，声誉受损。

策略和措施：大众汽车采取了多项措施来应对这一法律风险，包括公开道歉、召回受影响车辆、与监管机构合作调查以及支付罚款等。

效果：尽管这一丑闻给大众汽车带来了重大损失，但公司通过积极采取措施和配合调查，减轻了部分法律风险，并避免了更严重的法律后果。

3. T-Mobile 的数据泄露应对

案例描述：2021 年，T-Mobile 遭遇了一起数据泄露事件，导致数百万客户的个人信息被泄露。这一事件引发了用户的担忧，并导致 T-Mobile 受到法律诉讼。

策略和措施：T-Mobile 采取了快速响应和信息披露的措施，公开道歉，通知受影响客户，提供免费信用监控等服务，并加强了数据安全措施。

效果：T-Mobile 通过及时公开、积极回应和提供补救措施，成功缓解了用户的担忧，减少了法律风险和潜在的法律诉讼。

这些案例表明，企业在应对法律风险时，可以通过及时采取措施、积极配合调查、保持公开透明等方式来降低法律风险，保护企业的合法权益和声誉。同时，加强内部合规控制、提升员工法律意识也是预防法律风险的重要手段。

企业在使用云计算和大数据技术时，需要确保遵守相关法律法规，以保护用户的隐私和数据安全，同时降低法律风险。以下是企业确保合规性的关键步骤：

第一，企业需要了解适用于其业务的所有法律法规，包括数据保护法、网络安全法等。这可能涉及到不同国家或地区的法律要求，因此企业需要对相关地区进行详细的调研和了解。此外，企业还应进行法律风险评估，分析云计算和大数据技术在法律上可能存在的风险和违规行为。这可能涉及到数据隐私、数据安全、知识产权等方面的风险评估。

第二，企业应进行合规性审计，评估其使用云计算和大数据技术的合规性。审计包括审查数据处理流程、数据安全措施、合同条款等，以确保企业符合适用的法律法规要求。此外，企业应确保与云服务提供商和数据处理方签订合适的合同，并在合同中明确规定双方的法律责任和义务。

第三，合同应明确规定数据所有权、数据使用目的、数据保护措施等内容。对员工进行相关法律法规的培训，提高员工的法律意识和合规意识。员工应了解企业的合规政策和程序，并严格遵守相关规定。应采取适当的数据保护措施，保障用户的隐私和数据安全。这可能包括数据加密、访问控制、数据备份等措施，以防止数据泄露和未经授权的访问。

第四，由于法律法规和业务需求的变化，企业需要不断改进和更新其合规性措施。应定期审查和更新合规政策、程序和措施，以确保企业能够及时应对新的法律要求和挑战。

通过以上步骤，企业可以有效遵守云计算和大数据技术相关法律法规，降低法律风险，保护用户的隐私和数据安全。同时，合规性审计和持续改进也能够帮助企业提高合规水平，并建立良好的企业形象和信誉。

8.2 伦理道德与社会责任

本节概要

本节探讨了数据伦理的基本原则，包括隐私保护、数据透明、数据安全和公平使用等，并分析了数据伦理面临的争议点，如个人隐私与数据共享、数据收集与个人权利、数据歧视与公平性以及数据所有权与数据使用等问题。同时，讨论了企业在云计算与大数据应用中的社会责任，特别是在环境保护、公平竞争和消费者权益保护方面的责任。

8.2.1 数据伦理的基本原则与争议点

8.2.1.1 数据伦理的基本原则

数据伦理是指在处理、使用和共享数据时所遵循的道德准则和规范，以保护个人隐私、尊重数据所有者的权利、确保数据安全和公平使用。以下是数据伦理

的基本原则。

1. 隐私保护原则。个人隐私如同一道高墙，保护着每个人的内心世界和个人信息。当医院收集患者的病历数据时，应遵循隐私保护原则，确保患者的个人身份和病情信息不被未经授权的人员获取或滥用。

2. 数据透明原则。数据透明如同一面明镜，清晰地展示数据的来源、用途和处理过程。社交媒体平台应当向用户透明地披露其个人数据被收集和使用的目的，以及用户可以如何控制和管理自己的数据。

3. 数据安全原则。数据安全如同是一座坚固的城堡，保护数据不受未经授权的入侵和窃取。金融机构应当采取严格的数据安全措施，包括加密、访问控制、监控等，确保客户的金融数据不被黑客攻击或泄露。

4. 公平使用原则。数据的使用应当如同一场公平的比赛，所有参与者都应享有平等的机会和权利。在人才招聘过程中，企业应避免使用歧视性的算法或数据模型，确保所有求职者都有公平的机会获得工作。

5. 负责任原则。数据的使用者如同驾驶员，必须承担合理使用和维护数据的责任。科学研究人员在使用个人健康数据进行研究时，应当遵循伦理规范和法律要求，确保数据不被滥用或泄露，同时保护研究对象的隐私权。

我们在处理、使用和共享数据时，应当遵循这些原则，以维护个人权益和社会公共利益。

8.2.1.2　数据伦理面临的争议

1. 个人隐私与数据共享方面的争议：在个人隐私与数据共享之间存在权衡和平衡的问题。一方面，个人希望保护其隐私权，不希望个人数据被滥用或泄露；另一方面，数据共享可以促进科学研究、商业创新等领域的发展，但可能侵犯个人隐私。健康数据的共享可能有助于医学研究和疾病预防，但个人可能担心其健康信息被滥用或泄露。

2. 数据收集与个人权利方面的争议：随着大数据技术的发展，个人数据的收集变得越来越容易，但个人往往缺乏对其数据的控制权。个人数据的大规模收集可能侵犯个人的自由和隐私权。社交媒体平台收集用户的个人信息用于广告定向推送，但用户可能担心其个人数据被滥用或用于监控和操纵。

3.数据歧视与公平性方面的争议：数据分析和算法可能导致歧视性行为和不公平对待，特别是在人才招聘、信贷评估等领域。数据驱动的决策可能加剧社会不平等，导致某些群体被歧视或边缘化。使用算法进行人才招聘可能导致性别、种族或年龄等方面的歧视，使得某些群体面临不公平的就业机会。

4.数据所有权与数据使用方面的争议：个人数据的所有权归属问题是一个有争议的问题。在一些情况下，个人可能认为他们拥有自己的数据，并希望对其数据的使用和共享进行控制；而在另一些情况下，数据的使用者可能认为他们有权使用这些数据以促进社会进步和创新。

例如，社交媒体平台可能认为他们有权使用用户的个人数据来改进其产品和提供个性化服务，而用户可能认为自己应该对个人数据拥有更多的控制权。

这些争议点表明了数据伦理面临的复杂性和挑战性，需要在保护个人权益和促进数据创新之间寻找平衡，并制定合适的法律、政策和道德准则来引导数据的合理使用和共享。

8.2.2 企业在云计算与大数据应用中的社会责任

当企业采用云计算和大数据技术时，它们需要承担一定的社会责任，这涉及环境保护、公平竞争和消费者权益保护等方面。

8.2.2.1 环境保护方面

云计算和大数据需要大量的能源来支持服务器和数据中心的运行。企业应努力采用可再生能源和能效技术来减少碳排放，从而降低对环境的影响。

具体来说，云计算和大数据所依赖的服务器和数据中心是能源消耗的大户。大量的服务器持续运行，处理和存储海量数据，这需要源源不断的电力供应。而传统的能源来源，如煤炭、石油等，在使用过程中会产生大量的碳排放，对环境造成严重的污染和破坏。

企业努力采用可再生能源具有多方面的重要意义。可再生能源如太阳能、风能、水能等，具有清洁、可持续的特点。通过利用这些能源，可以大幅减少碳排放，降低对环境的负面影响。

例如，可以在数据中心的屋顶安装太阳能电池板，或者在周边地区建设风力

发电设施，将所产生的电能用于服务器的运行。

同时，采用能效技术也是关键举措之一。这包括优化服务器的硬件设计，以提高其能源利用效率；采用先进的冷却技术，以减少能源在散热过程中的浪费；以及通过智能化管理系统，根据实际需求动态调整服务器的运行状态，以避免不必要的能源消耗。

通过这些努力，可以带来诸多积极影响。从环境层面来看，减少碳排放有助于应对气候变化，保护生态平衡。降低对不可再生能源的依赖，也有利于资源的可持续利用。对于企业自身而言，积极采取环保措施不仅能够提升企业的社会形象和声誉，还可能带来经济效益。例如，通过节能措施降低能源成本，从长期来看可以为企业节省大量开支。

此外，企业还可以积极参与相关的环保项目和倡议，与其他企业、社会组织等合作，共同推动整个行业在环境保护方面的进步。

在实施过程中，企业需要制定详细的规划和目标，明确责任部门和人员，确保各项措施能够切实落地执行。同时，要不断监测和评估环保措施的效果，并根据实际情况及时调整和优化策略。

加强对员工的环保教育和培训，提高他们的环保意识和责任感，让每个人都能积极参与到环保行动中来。

8.2.2.2　公平竞争方面

企业在收集和处理大数据时，必须严格遵守相关的数据保护法规和隐私政策，保护用户的个人信息不被滥用。否则，可能会导致不公平竞争，损害其他企业和消费者的利益。云计算和大数据技术应采用开放标准，促进不同平台之间的互操作性，避免出现垄断局面，保持市场的竞争性。

具体来说，当企业获取用户的个人信息时，应确保这些信息仅用于明确告知用户的合法目的。这意味着不能随意将数据用于其他未经授权的用途，如商业营销或与第三方共享以获取不当利益。企业需要建立严格的数据管理和安全机制，确保个人信息不被未经授权的访问、篡改或泄露。

如果企业未能严格遵守这些规定，可能引发一系列严重后果。

一方面，可能导致不公平竞争。某些企业可能会利用非法获取或滥用的用户信息来获得竞争优势，比如进行针对性的营销活动，从而使其他遵守规则的企业处于不利地位。这会破坏市场的公平竞争环境，影响整个行业的健康发展。

另一方面，用户的个人信息被滥用会直接损害消费者的利益。消费者的隐私被侵犯，可能会面临骚扰、诈骗等风险，甚至对其生活和工作造成严重困扰。同时，这也会降低消费者对企业和整个行业的信任度，影响市场的稳定和发展。

采用开放标准对于云计算和大数据技术而言，其意义十分重大。开放标准可以促进不同平台之间的互操作性，使得不同的云计算和大数据服务提供商能够更好地协同工作。这样一来，企业在选择技术服务时将有更多的选择和灵活性，而不是被局限于某一家垄断性的供应商。

避免出现垄断局面能够保持市场的竞争性。在一个竞争充分的市场中，各个企业会不断努力提升自身的服务质量和技术水平，以吸引客户。这将推动整个行业的创新和发展，为用户带来更好的服务体验和更多的价值。

为了实现这些目标，企业需要积极采取行动。

首先，要建立完善的数据保护和隐私管理体系，明确责任和流程，确保合规性。要加强员工培训，提高员工对数据保护和隐私政策的认识和执行能力。

其次，在云计算和大数据技术方面，企业应积极参与开放标准的制定和推广，并与其他企业和行业组织合作，共同推动技术的发展和应用。

同时，监管部门也应加强对企业的监督和管理，对违反规定的企业进行严厉惩处，以维护市场的公平竞争和消费者的合法权益。

8.2.2.3 消费者权益保护方面

企业应该向消费者提供清晰明了的数据使用政策和隐私条款，让消费者了解他们的数据将如何被收集、存储和使用，并给予消费者充分的控制权。

企业应采取有效的安全措施来保护消费者的数据安全，防止数据泄露和黑客攻击，确保消费者的权益不受损害。

数据使用政策以用通俗易懂的语言撰写，避免使用过于专业或晦涩的术语。在政策中，应明确说明收集数据的具体类型，例如个人身份信息、浏览记录、购买行为等。同时，还要需详细解释这些数据的使用目的，是用于改善产品和服务、进行市场分析，还是用于其他合法用途。

关于数据的存储，企业需要告知消费者数据将被存储在哪里，并说明采取了哪些安全措施来保障数据的完整性、保密性和安全性。同时，要需说明数据的存储期限，以及是否会在一定时间后进行清理或匿名化处理。

在数据使用方面，企业应强调只有在获得消费者同意的情况下，才会按照事先声明的方式使用数据。此外，要需让消费者明确了解他们拥有对自身数据的控制权。给这种控制权体现在多个方面。消费者应该能够随时查看自己的数据，了解企业收集和存储了哪些关于他们的信息。他们还应该有权要求更正不准确的数据，或者在特定情况下要求删除自己的数据。企业需提供便捷的途径，让消费者能够行使这些权利。

为了保护消费者的数据安全，企业需要采取一系列有效的安全措施。在技术层面，要应建立强大的防火墙和安全防护系统，实时监测并阻止潜在的黑客攻击和恶意软件入侵。对数据进行加密处理，以确保即使数据被窃取，也无法轻易被解读。加强内部管理也是一个重要环节。企业应对员工进行严格的安全培训，提高他们的安全意识和保密意识。建立严格的权限管理制度，确保只有授权人员能够访问和处理消费者数据。定期进行安全审计和风险评估，及时发现和解决可能存在的安全隐患。与专业的安全机构合作，获取最新的安全资讯和技术支持。

如果不幸发生数据泄露事件，企业要应有完善的应急预案。应在第一时间通知消费者，并采取积极措施以减少损失和负面影响。协助消费者采取必要的措施来保护自己的权益，如更换密码、监测信用记录等。

8.2.3　建立符合伦理的决策框架与流程

伦理审查在决策过程中扮演着举足轻重的角色，它有助于预防不道德行为的发生，确保组织的决策符合伦理标准和法律法规。以下是关于伦理审查委员会的建立、审查流程和审查标准的讨论。

组织应该建立专门的伦理审查委员会，该委员会由多个领域的专家组成，包括法律、伦理、业务和公共利益等方面的专业人士。这个委员会应独立于组织的其他部门，以确保其审查过程的客观性和中立性。

8.2.3.1　审查流程

1. 申请提交：任何涉及重要决策或具有潜在伦理问题的情况都应提交给伦理

审查委员会。

2. 调查和分析：委员会对申请中涉及的问题进行调查和分析，收集相关信息，并从多方面进行深入讨论和评估。

3. 决策和建议：委员会最终根据其调查和分析结果，提出决策建议，可以是批准、拒绝或建议进一步修改。

4. 反馈和监督：委员会应向相关部门提供反馈，并持续监督决策的执行情况，确保其符合伦理标准。

8.2.3.2 审查标准

1. 法律合规性：这些法律法规的作用包括但不限于反对就业歧视以及保护用户隐私和数据。

2. 伦理原则：决策应符合基本的伦理原则，如公正、诚信、尊重和负责任。

3. 社会责任：决策应考虑对社会的影响，包括环境、员工和社区利益等方面。

4. 风险评估：决策时应进行风险评估，考虑潜在的道德风险和后果。

8.2.4 决策透明化的重要性及实现方法

决策透明化对企业而言至关重要，它不仅是增强公众信任的关键，也是提升企业声誉的途径。以下是关于决策透明化的重要性及实现方法的一些关键点。

8.2.4.1 增强公众信任和提升企业声誉

1. 建立信任：透明化的决策过程可以让利益相关者清楚地了解企业的决策制定过程，这种公开的决策方式能够增强他们对企业的信任。

2. 提升声誉：透明化的决策过程展示了企业的诚信和责任，有助于树立良好的企业形象，提升其声誉和影响力。

8.2.4.2 实现决策透明化的方法

1. 公开决策过程：将决策过程公开化，使利益相关者能够全面了解决策的背景、过程和考虑因素。

2. 公开数据使用政策：明确规定数据的收集、存储和使用方式，并向公众公开，让用户清楚了解他们的数据如何被使用和处理。

3. 公开算法决策逻辑：对于依赖算法做出决策的企业，应该公开算法的逻辑和工作原理，以确保决策的公正性和透明性。

8.2.4.3　面临的挑战和应对方法

1. 保护商业机密：企业在追求决策透明化和公开性的同时，也可能面临保护商业机密的压力。解决这一问题可以通过模糊处理关键数据或者采用安全技术来平衡透明度与保密性。

2. 个人隐私保护：在公开数据使用政策时，企业应该确保对个人隐私的尊重，遵守相关的隐私法规，并同时提供适当的控制和选择权给用户。

总之，决策透明化可以帮助企业赢得公众信任，树立良好的企业声誉，并为长期可持续发展奠定基础。通过公开决策过程、数据使用政策和算法决策逻辑，企业可以向外界展示其诚信和透明度，从而吸引更多的用户和合作伙伴。然而，实现决策透明化也面临一些挑战，比如如何保护商业机密和个人隐私。企业需要在透明度和保密性之间找到平衡点，并采取合适的措施来解决这些问题。

第9章　云计算与大数据的未来展望

　　本章对云计算与大数据技术的未来发展方向进行了展望。首先，预测了云计算技术将朝着边缘计算、混合云、多云策略、人工智能集成、安全性增强和绿色云计算等方向发展。接着，探讨了大数据技术的创新点与突破方向，包括实时数据处理、数据隐私保护、数据融合与集成、增强分析能力以及自动化与机器学习的结合。最后，深入讨论了技术融合带来的新机遇与挑战，并分析了这些技术变革对教育与研究发展的潜在影响。

9.1 技术发展的前沿趋势

本节概要

　　本节分析了云计算技术的未来发展方向，包括边缘计算、混合云和多云策略、人工智能与云计算的集成、安全性增强和绿色云计算。同时，探讨了大数据技术的创新点，这些创新点包括实时数据处理、数据隐私保护技术、数据融合与集成、增强的分析能力和自动化与 ML 的结合。

9.1.1 云计算技术的未来发展方向

　　云计算技术在过去十多年里迅速发展，并在现代信息技术领域中占据了重要位置。展望未来，云计算技术将继续演进，其发展的主要方向包括边缘计算、混合云、多云策略、人工智能与云计算的集成、安全性增强和绿色云计算。以下是对云计算未来主要发展方向的详细解析，详如表 9-1 所示。

表 9-1　云计算和大数据未来五大发展方向对比表

云计算技术发展方向	发展过程（当前）	发展过程（未来）	原因
边缘计算	已在物联网、智能制造、自动驾驶等领域应用	将进一步普及，减少延迟和带宽需求	低延迟需求、数据量激增
混合云和多云策略	越来越多企业采用混合云	多云策略将进一步普及	灵活性和可移植性、高可用性和灾备
人工智能与云计算集成	云服务已开始提供 AI 服务	AI 将深度集成到云计算中	算力需求、数据融合

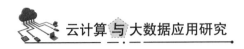# 云计算与大数据应用研究

云计算技术发展方向	发展过程（当前）	发展过程（未来）	原因
网络安全	云安全技术已取得显著进步	将继续发展，包括加密、零信任架构	法规要求、威胁演变
绿色云计算	部分云服务提供商采用可再生能源	将成为主流，进一步投资可再生能源	环境责任、成本节约

9.1.1.1 边缘计算

1. 发展过程

当前：边缘计算已经在某些领域（如 IoT、智能制造和自动驾驶）中得到了应用。

未来：边缘计算将进一步普及，更多设备和应用将通过边缘计算来处理数据，以减少延迟和带宽需求。

2. 原因

低延迟需求：许多应用（如自动驾驶、AR/VR）对实时数据处理要求较高，边缘计算能够满足低延迟的需求。

数据量激增：随着物联网（IoT）设备数量的增加，数据量迅速增长。边缘计算可以在本地处理大量数据，从而减轻中心云的负担。

9.1.1.2 混合云和多云策略

1. 发展过程

当前：越来越多的企业采用混合云模式，将公共云与私有云结合使用，以满足不同的业务需求。

未来：多云策略将进一步普及，企业将同时使用多个云服务提供商的服务，以提高灵活性并避免单点故障。

2. 原因

灵活性和可移植性：企业需要能够灵活地在不同云平台之间移动工作负载，以适应多样化的业务需求。

高可用性和灾备：使用多个云服务提供商可以提高系统的可靠性和可用性，并在发生灾难时提供更强的灾备能力。

9.1.1.3　人工智能与云计算的集成

1. 发展过程

当前：云服务提供商已经开始提供各种 AI 服务，如机器学习模型训练和推理服务。

未来：AI 将深度集成到云计算中，成为云服务的重要组成部分。更多的 AI 应用和工具将通过云平台提供，从而降低企业使用 AI 的门槛。

2. 原因

算力需求：AI 模型的训练和推理需要大量计算资源，而云计算可以提供弹性和大规模的计算能力。

数据融合：AI 需要大量数据来训练模型，云计算可以集中管理和处理这些数据，提高 AI 模型的精度和效率。

9.1.1.4　网络安全

1. 发展过程

当前：云安全技术已经取得显著进步，云服务提供商提供多种安全工具和服务。

未来：随着数据隐私和安全法规的日益严格，云安全技术将继续发展，包括更先进的加密技术、零信任架构和更多的合规性工具。

2. 原因

法规要求：全球范围内对数据隐私和安全的法规日益严格，如 GDPR、CCPA 等。

威胁演变：随着网络攻击手段的不断变化，云安全技术必须不断升级以应对新型威胁。

9.1.1.5　绿色云计算

1. 发展过程

当前：部分云服务提供商已经开始采用可再生能源和能效优化技术。

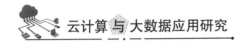

未来：绿色云计算将成为主流，云服务提供商将进一步投资于可再生能源、碳中和技术及能效优化技术。

2. 原因

环境责任：全球范围内对环境保护的关注度提升，企业需要承担更多的社会责任。

成本节约：能效优化和可再生能源不仅对环境有利，还可以显著降低运营成本。

云计算技术的未来发展方向将受到技术需求、业务需求和环境责任等多方面因素的共同驱动。通过采用边缘计算、混合云和多云策略，集成 AI 技术，增强安全性，并积极推动绿色云计算的发展，云计算将在信息技术领域继续发挥重要作用，为企业和社会发展带来更大的价值。

9.1.2 大数据技术的创新点与突破方向

大数据技术在不断创新和发展，主要的创新点和潜在的突破方向包括实时数据处理、数据隐私保护、数据融合与集成、增强分析能力，以及自动化与机器学习的结合。以下是这些方向的详细描述。

9.1.2.1 实时数据处理

1. 创新点

当前：传统的大数据处理通常采用批处理模式，即在数据收集后定期进行批量处理。

未来：实时数据处理技术将进一步发展，使得数据能够在生成的瞬间被处理和分析，极大地提高数据处理的效率。

2. 比喻

传统批处理：就像每天晚上在固定时间查看并处理一天的邮件，虽然有效，但存在延时。

实时数据处理：就像随时查看并回复新收到的邮件，能够立即做出反应。

9.1.2.2 数据隐私保护

1. 创新点

当前：随着数据隐私法规的不断加强，对数据保护的需求日益凸显。

未来：新的数据隐私技术（如差分隐私和同态加密）将被广泛采用，确保数据在分析和应用过程中仍然是安全的。

2. 比喻

传统数据保护：就像把所有的个人信息放在一个上锁的保险箱里。

差分隐私：就像在公开一个统计结果时，加入一些"噪声"，使得单个用户的信息无法被精确识别。

同态加密：就像能够在不打开保险箱的情况下对里面的东西进行操作和计算。

9.1.2.3 数据融合与集成

1. 创新点

当前：数据通常来自不同的源，格式和结构各异，整合这些数据是一个复杂的过程。

未来：将有更多先进的数据集成技术，使得不同来源的数据能够自动化地无缝融合。

2. 比喻

传统数据整合：就像把不同国家的货币兑换成统一的货币，过程繁琐且需要人工干预。

未来数据融合：就像一个万能翻译器，能够即时翻译任何语言，使得交流顺畅无阻。

9.1.2.4 增强分析能力

1. 创新点

当前：大数据分析工具已经能够处理大量数据并提供有价值的见解。

未来：通过引入更多的 AI 和 ML 技术，数据分析将变得更加智能化和自动化，能够自主发现潜在的模式和关系。

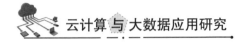

2. 比喻

传统分析：就像用放大镜仔细观察地图上的每一个细节。

增强分析：就像使用 GPS 导航系统，它不仅能够告诉你当前位置，还能根据实时交通情况给出最佳路线。

9.1.2.5 自动化与机器学习的结合

1. 创新点

当前：ML 模型的训练和部署通常需要大量的人工干预和专门知识。

未来：自动化工具将能够大大简化这一过程，使得更多的企业和个人能够利用机器学习技术。

2. 比喻

传统机器学习的部署：就像是手工制作每一件定制服装，既费时费力又需要专业技能。

自动化机器学习：就像使用自动化缝纫机，只需提供布料和设计图，机器就能快速制作出成衣。

大数据技术的未来充满了创新和突破的潜力。通过生动形象的比喻，我们可以更直观地理解这些创新点及其重要性。实时数据处理将使我们能够更快地应对变化；数据隐私保护技术将确保我们的信息安全；数据融合与集成技术将使信息流通更加顺畅；增强的分析能力将帮助我们更智能地做出决策；自动化与机器学习的结合将使强大的分析工具更易于使用。通过这些方向的持续发展，大数据技术将不断拓展其应用范围和深度，为各行各业带来深远的影响。

9.1.3 技术融合带来了新的机遇与挑战

新一代信息技术，包括云计算、大数据、人工智能和物联网，正在深刻地重塑我们的社会结构、工作和生活方式。它们不仅推动了经济增长和公共服务的全面优化，还显著提高了人们的生活质量。然而，这些技术也带来了诸如失业率上升、数字鸿沟和道德伦理等社会问题。以下是对这些技术带来的深远影响的详细分析。

9.1.3.1　影响社会结构

云计算就像一个巨大的虚拟仓库,任何人只要有钥匙(互联网接入),都可以随时随地存取自己需要的物品(数据和应用)。

假设有一位名叫小玲的创业者,她有一个新兴的在线时装品牌,并希望将其扩展到全球市场。但是,她面临的问题是,她的公司规模较小,无法承担建立大型数据中心和 IT 基础设施的成本。于是,她决定利用云计算的优势来解决这个问题。

1. 数据的存储与管理。小玲利用云计算服务提供商的平台,将她时装品牌的产品信息、销售数据、客户信息等重要数据存储在云端。这个巨大的虚拟仓库就像她公司的数据中心一样,可以安全地存储和管理她所需的所有数据,并提供合适的管理方案,而无需担心硬件故障或数据丢失的风险。

2. 弹性和灵活性。通过使用云计算,小玲的公司可以根据实际需求灵活调整存储空间和计算资源,而无需提前投入大量资金建立自己的服务器。当销售量增长时,她可以轻松扩展云存储空间和服务器容量,以应对更大规模的业务需求。

3. 全球化扩展。小玲希望她的时装品牌迅速扩展到全球市场,而云计算的全球性质使得这一目标更容易实现。她可以利用云计算服务商的全球数据中心网络,将网站和应用程序部署到各个地区,确保用户在世界各地都能享受良好的访问体验。

4. 安全保障。云计算服务商通常提供高级的安全措施,包括数据加密、访问控制和持续监控等,以确保存储在云端的数据安全可靠。小玲可以放心地将敏感信息存储在云端,因为云计算服务商会持续更新和改进其安全技术,以应对不断变化的安全威胁。

总的来说,云计算为小玲提供了一个巨大的虚拟仓库,让她可以随时随地存取所需的数据和应用,而无需担心基础设施的建设和维护成本。这个例子展示了云计算如何为创业者和小型企业提供弹性、灵活性和全球化扩展的机会,帮助他们实现业务增长和全球化扩张的目标。

大数据技术的运用使企业和个人能够更灵活地存储和处理信息,不再受限于物理硬件的局限。组织结构趋向扁平化,远程办公和跨地域协作成为常态。

大数据就像一台超级显微镜,能够放大并揭示隐藏在海量数据中的细节规律。在电商领域,每天都有成千上万甚至更多的用户进行线上购物,产生海量的交易数据。这些数据就像一个巨大而复杂的拼图。大数据就如同这个超级显微镜,可以聚焦到每一个用户的购买行为。它能发现某个用户总是在特定的时间段购买特定类型的商品,可能是晚上喜欢购买零食,或者在周末喜欢购买家居用品。它还能发现一些隐藏的规律,比如某些地区的用户对某种颜色或款式的商品有特别的偏好,或者在某个季节某种商品的销量会突然大幅增长。

通过大数据这个超级显微镜,电商平台可以精准地为用户推荐符合他们偏好和需求的商品,提高用户的购买满意度和平台的销售额。就像能清晰地看到细胞的细微结构一样,大数据能让我们看清那些原本隐藏在海量数据深处的细节和模式,从而更好地理解用户行为和市场趋势,为企业的战略决策提供强大的数据支撑。

通过分析大数据,政府和企业可以更好地理解社会行为和需求,从而优化决策和资源配置。社会结构将更加趋向数据驱动型转变,政策制定将更加精准,以满足社会发展多元化的需求。

9.1.3.2 影响工作方式

AI就像一个超级助手,能够完成复杂的任务,并且随着时间推移不断学习和改进。

假设有一位名叫小潇的医生,他每天需要处理大量的患者病历、医学文献和诊断报告,并制定治疗方案。由于工作量巨大,小潇经常感到时间紧迫,而且难以跟上医学领域的最新进展。于是,他决定引入人工智能助手来帮助他完成这些任务。

1.处理患者病历和医学文献。小潇的AI助手可以利用自然语言处理和机器学习技术,快速分析和归纳大量的患者病历和医学文献。当小潇需要查找特定病例或了解某种疾病的最新治疗方法时,AI助手能够帮助他快速找到相关信息,并提供精准的答案和建议。

2.辅助诊断和制定治疗方案。小潇的AI助手具备医学知识和专业技能,可以辅助他进行疾病诊断和制定治疗方案。通过分析患者的症状、体征和医学历史,AI助手可以提供潜在的诊断结果,并推荐相应的治疗方案,帮助小潇更快地做出决策。

3. 持续学习和改进。小潇的 AI 助手能够不断学习和提升，随着时间的推移变得越来越智能。通过分析医学文献、疾病案例和医生的反馈，AI 助手可以不断更新自己的知识库和算法，提高诊断的准确性和治疗方案的有效性。

4. 提高工作效率和质量。小潇的 AI 助手能够帮助他提高工作效率和质量，减少疏漏和错误的发生。通过自动化繁琐的任务和提供准确的辅助诊断，AI 助手让小潇能够更专注于与患者的交流和治疗，提升整体的医疗服务质量。

AI 自动化了许多重复性和复杂的任务，提高了工作效率和准确性。员工可以专注于更具创造性和战略性的工作，但也可能导致某些职业的岗位减少，需要进行重新培训和提升技能。

物联网就像一个无所不在的神经网络，连接并监控所有的设备和系统，提供实时反馈。

物联网将各种设备和系统连接在一起，并提供实时反馈，从而使我们的生活更加智能和便利。下面将用一个详细的例子来说明这一点。

小林是一位热爱智能设备的年轻人，他在家中安装了各种物联网设备，包括智能家电、安防摄像头、智能灯具和智能门锁等。这些设备都连接到一个智能家居控制中心，通过互联网与小林的智能手机及其他智能设备相连。

1. 实现实时监控和控制。当小林不在家时，他可以通过手机应用随时随地监控家中的情况。例如，他可以查看安防摄像头的实时视频，确保家里的安全。同时，他还可以远程控制智能家电，如调节空调的温度、关闭烤箱或启动洗衣机，以便在回家前准备好舒适的环境和热饭。

2. 智家居系统还具有自动化功能。例如，当检测到家中无人时，系统会自动关闭不必要的灯光和电器，以节省能源。此外，系统还可以根据小林的日常习惯和行为模式，自动调整家居设备的设置，提供个性化的服务和体验。

3. 数据分析与优化。小林的智能家居系统会收集大量数据，包括家庭能耗、使用频率和生活习惯等。通过对这些数据进行分析，系统可以为小林提供智能化的建议和优化方案，例如调整家电的使用时间，优化能源利用效率，从而降低能源消耗和费用。

4. 安全保障。小林的智能家居系统还具备安全保障功能，例如智能门锁和入侵检测系统可以保护家庭安全。当系统检测到异常活动或入侵时，会立即发送警报通知小林，并启动相应的安全措施，保护家人和财产的安全。

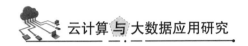

通过实时数据监控和反馈，企业可以优化生产流程和供应链管理，提高运营效率。员工可以远程监控和管理设备，工作方式变得更加灵活和高效。

9.1.3.3 影响生活方式

云计算和大数据结合就像一个智能管家，能够根据用户的喜好和需求提供定制化的服务和建议。

假设有一个名叫小华的商务人士，他经常需要出差到不同的城市开会，进行商务洽谈。他利用结合了云计算和大数据的智能管家服务来帮助他安排行程、预订酒店、制定路线，并提供定制化的建议和服务。

1. 个性化行程安排。小华的智能管家可以根据他的日程安排和个人偏好，自动为他安排出差行程。比如，根据会议地点和时间，智能管家会为他推荐最佳的航班和酒店，以确保他的行程安排最为高效和便利。如果小华有特殊的偏好，比如喜欢舒适的床铺和便利的交通，智能管家会根据他的要求为他预订符合要求的酒店和交通方式。

2. 个性化路线规划。鉴于小华经常在不同的城市之间穿梭，智能管家可以根据他的出行需求和交通状况，为他制定最佳的路线规划。智能管家会考虑到交通拥堵、天气状况和预计到达时间，为小华提供最快捷的路线，以确保他准时到达目的地。

3. 个性化建议和服务。小华的智能管家可以根据他的喜好和需求，为他提供个性化的服务。例如，智能管家会根据他的饮食偏好为他推荐附近的餐厅和美食，以及适合他口味的菜品。此外，智能管家还可以为小华提供个性化的购物建议和活动推荐，根据他的兴趣爱好，为他提供定制化的文化和娱乐服务。

个人生活变得更加智能化和便捷。在线购物、娱乐、教育等服务可以根据用户的行为数据提供个性化体验。

AI 和 IoT 就像一对超智能房屋管理员，能够自动管理家庭设备、监控健康状况，并提供安全保障。

小飞一家安装了一套智能家居系统，结合了 AI 和 IoT 技术，为他们提供了一个超智能的房屋管理员。

1. 自动管理家庭设备。小飞一家的智能家居系统能够自动管理家庭内的各种设备，包括智能灯具、智能家电和智能安防系统。当小飞离开家时，系统会自动关闭家里的灯光和电器设备，以节省能源和保障安全。当小飞回家时，系统会根据他的偏好自动调节灯光和温度，营造舒适的家居环境。

2. 监控健康状况。小飞家的智能家居系统配备了健康监测设备，包括智能手环、智能体重秤和智能血压计。这些设备能够实时监测小飞和家人的健康状况，包括睡眠质量、运动情况和生理指标。如果系统检测到小飞或家人的健康状况异常，比如心率异常或血压偏高，系统会立即发送警报通知小飞或紧急联系人。

3. 强化安全保障。智能家居系统还配备了全方位的安防监控设备，包括智能摄像头、门窗传感器和烟雾报警器等。当系统检测到家里存在异常活动时，比如入侵或火灾，系统会立即启动警报，并即时发送通知到小飞的手机，同时自动联系安保公司或紧急救援服务。另外，智能家居系统还可以远程监控家里的情况，让小飞可以随时随地通过手机应用查看家庭安全情况，并采取相应的措施。

智能家居设备和可穿戴设备的普及，提高了家庭安全和健康管理的水平，生活质量显著提升。

9.1.3.4　促进经济增长

云计算就像一个无穷无尽的工具库，企业可以根据需要随时借用各种工具，而不必自己购买和维护。

假设有一家名为"幻真"的初创企业，他们正在开发一款新的移动应用程序，并需要一个强大的基础设施来支持应用程序的开发、测试和部署。

1. 开发工具和环境。"幻真"可以通过云计算平台租用开发工具和环境，比如集成开发环境（Integrated Development Environment, IDE）、版本控制系统和测试工具等。这些工具和环境可以随时根据团队的需求进行扩展和缩减，而无需购买和安装额外的硬件或软件。

2. 计算和存储资源。企业可以根据应用程序的需求动态分配计算和存储资源，以确保应用程序能够在高峰时段保持稳定和高效的运行状态。通过云计算平台，企业可以轻松地扩展计算和存储资源，以应对业务增长和不断变化的需求。

3. 测试和部署环境。企业可以借助云计算平台提供的测试和部署环境，快速部署和测试应用程序，以确保应用程序的质量和稳定性。云计算平台提供了各种工具和服务，比如自动化测试工具、CI/CD 服务等，帮助企业实现快速、高效的测试和部署流程。

4.灾备和容灾。企业可以利用云计算平台提供的灾备和容灾服务，确保应用程序和数据的安全性和可靠性。云计算平台提供了多个数据中心和备份服务，可以在发生灾难性故障时快速恢复业务，保障业务的连续性。

云计算的灾备和容灾服务显著降低了中小企业的 IT 成本，促进了创新和创业，推动了经济多元化和持续增长。

大数据和 AI 就像一个智慧导师，帮助企业发现新的市场机会并优化业务流程。假设有一家零售公司，他们一直在寻求提高销售和客户满意度的方法。于是，他们决定利用大数据和 AI 来优化业务流程，并发现新的市场机会。

首先，该公司开始收集大量的销售数据、客户反馈和市场趋势数据。他们利用这些数据建立了一个智能分析系统，结合了机器学习和数据挖掘技术，以实现对数据的深入分析和预测。

通过分析销售数据，他们发现某种产品在特定地区或特定季节销量很高，而在其他地区或季节销量较低。利用这些洞察，他们调整了产品的定价策略和库存管理，使得产品的供应更加符合市场需求，从而提高了销售额和利润。

除了销售数据，该公司还分析了客户反馈和行为数据。通过 ML 算法，他们能够识别出客户的偏好和购买习惯，为其提供个性化的产品推荐和服务。这不仅提高了客户的购买满意度，还增加了客户的忠诚度和复购率。

另外，该公司还利用大数据和人工智能技术优化了供应链管理和物流配送。通过实时监控库存水平和市场需求，他们能够及时调整采购计划和配送路线，降低了库存成本和配送时间，提高了效率和客户满意度。

通过数据驱动的决策和 AI 的自动化，企业能够更高效地运营和创新，从而推动经济增长和提升竞争力。

9.1.3.5 改善公共服务和生活质量

大数据和云计算就像一个超智能的城市管理系统，能够实时监控和优化城市的各项服务。

假设某个城市的政府决定利用大数据和云计算技术建立一个智能城市管理系统，以提高城市的管理效率和居民的生活质量。

1.在交通管理方面，通过大数据分析，政府可以实时监控城市交通状况，包括道路拥堵程度和公共交通运行状态等。基于这些数据，政府可以优化交通信号灯的控制和调整公共交通线路的规划，以缓解交通拥堵，提高交通效率。

2. 在环境监测方面，政府可以利用大数据和云计算技术监测城市的环境指标，包括空气质量和水质。当环境指标异常时，系统会立即发出预警，并采取相应的措施，比如限行和减排，以保障居民的健康和安全。

3. 在智慧能源管理方面，大数据和云计算技术可以帮助政府实时监控城市的能源使用情况，包括电力和天然气。政府可以根据能源需求预测和实际情况调整能源供应，优化能源分配，降低能源浪费，提高能源利用效率。

4. 在城市安全方面，利用大数据对城市的安全监控数据进行分析，政府可以通过智能摄像头和人脸识别技术实时监控城市的安全状况，及时发现异常情况，并加强巡逻和应急响应，提高城市的安全性。

5. 在公共服务优化方面，政府可以借助大数据分析居民的需求和行为，优化城市的公共服务，包括教育、医疗和文化。政府可以根据需求和实际情况调整资源配置，提高公共服务的覆盖范围和质量，以满足居民的需求。

政府可以借助大数据分析优化交通、环保、能源等公共服务，显著提升城市居民的生活质量和幸福感。

AI 和物联网（IoT）就像城市的智能感知系统，能够自动检测并响应各种城市问题。以下通过具体的实例进行说明。

智能交通系统。AI 和 IoT 可以结合，实时监测城市交通状况，包括道路拥堵情况和车流量等。基于这些数据，智能交通系统可以优化交通信号控制、调整交通流量，并提供实时路况信息给驾驶员，以降低交通拥堵，缓解交通压力。

智慧医疗。在医疗领域，IoT 可以连接各种医疗设备和传感器，实时监测患者的生理参数和病情。结合 AI 技术，医疗系统可以自动分析和诊断患者数据，提供个性化的治疗方案和建议，加快医疗决策和治疗进程，提高医疗服务效率。

智能环保监测。AI 和 IoT 可以用于环境监测，实时监测空气质量、水质情况等环境指标。根据监测数据，智能环保监测系统可以预测环境问题的发生，及时采取措施减少污染源，并提供公众环境质量报告，促进环保意识的提高。

智能交通系统、智慧医疗、智能环保监测等应用，不仅改善了城市管理效率，使城市管理更加智能化、精细化，而且提升了居民生活质量。

9.1.3.6 对社会治理的影响

大数据和 AI 就像一个智慧大脑，具备综合分析各类信息的能力，为政府提供更加明智的决策支持。假设某个城市政府面临治安问题，急需采取有效措施来提升城市的安全水平。政府决定利用大数据和 AI 技术来建立智慧社会治理系统，以辅助决策和优化资源配置。

1. 犯罪预测与分析。政府可以利用历史犯罪数据、人口流动数据、社会经济数据等进行深入挖掘，预测未来犯罪多发的地点和时间。基于这些数据，AI 算法能够进行复杂的模式识别和预测分析，帮助政府确定重点监控区域并加强警力部署，以预防犯罪事件的发生。

2. 实时监控与预警系统。利用物联网 IoT 技术，政府可以在城市各个角落部署监控摄像头、传感器等设备，实时监测城市的安全状况。通过 AI 算法对监控数据进行分析，可以及时发现异常情况，如突发事件、群体聚集、交通事故等，并向相关部门发出预警通知。

3. 资源优化与应急响应。结合大数据分析，政府可以优化警力和应急资源的分配，根据犯罪特点和风险等级，合理调配警力和装备，显著提高应对突发事件的能力。同时，AI 算法可以根据实时数据进行智能调度，优化交通路线和应急响应路径，大幅提高救援效率和响应速度。

4. 社会舆情监测。利用大数据技术，政府可以实时监测社交媒体、新闻网站等各种信息源，深入洞察民众的舆情和态度。通过 AI 算法对舆情数据进行分析，政府能够及时发现社会热点和民意变化，从而制定更符合民意和社会期待的政策和举措。

智慧社会治理系统提高了政策制定的科学性和执行的有效性，增强了政府的治理能力和透明度。

9.1.3.7 对教育和医疗的影响

AI 在教育领域中如同一位私人教师，能够根据学生的学习情况提供个性化的教学方案。

假设有一位名为小思的学生在学习数学时遇到了困难。他的学校使用了一种基于 AI 的个性化学习系统，以下是小思从这个系统中受益的过程。

1. 个性化学习路径。系统会根据小思的学习能力、学科理解程度和学习速度等因素进行全面考量，为他设计一个个性化的学习路径。如果小思在某个概念上表现良好，系统会自动跳过相关内容；而如果他在某个概念上遇到困难，系统会提供更多的练习和讲解，直到他完全理解为止。

2. 实时反馈和调整。系统会实时监测小思的学习进度和表现，收集其学习数据并进行分析。如果小思在某个概念上反复出错，系统会提供针对性的反馈和建议，帮助他纠正错误并强化理解。

3. 个性化资源推荐。系统会根据小思的学习偏好和学科需求，推荐适合他的学习资源，比如教学视频、练习题、课外阅读等。这些资源是根据 AI 算法分析学生的学习行为和兴趣爱好精心挑选的，能够帮助小思更有效地学习和掌握知识。

4. 自适应评估和考试。系统会根据小思的学习进度和能力水平，设计个性化的测验和考试，全面评估他的学习成果。考试内容和难度会根据小思的学习情况进行调整，确保评估的公平性和准确性。

通过这个基于 AI 的个性化学习系统，小思就像拥有了一位私人教师，能够根据自己的学习情况和需求获得定制化的教学方案和资源。这不仅提高了他的学习效率和成绩，也极大地增强了他的学习兴趣和自信心。

该系统促进了个性化教育的发展，提高了教育质量和学生的学习效率。

在医疗领域，AI 就像一个超级医生，能够快速准确地诊断疾病，并为患者提供最佳治疗方案。

假设有一为名为小王的患者，他去医院做了一系列检查，但医生们仍然对他的病情感到困惑。医院使用了一种基于 AI 的诊断系统，以下是小王从这个系统中受益的过程。

1. 快速准确的诊断。系统通过分析患者的临床数据、医学影像、实验室检查结果等，迅速准确地诊断出患者的疾病并进行确诊。AI 算法可以从海量医学数据中学习疾病的特征和模式，比医生更快地找到患者的病因和诊断结果。

2. 个性化治疗方案。基于详尽的诊断结果，系统会考虑患者的病情、健康状况、药物过敏情况等因素，为患者提供个性化的治疗方案和药物处方。同时，制定最佳的治疗计划，确保在提高治疗效果的同时，也保证治疗过程的安全性。

3. 实时医疗建议。患者可以通过手机应用或在线平台与 AI 诊断系统进行交互，获得实时的医疗建议和咨询。系统会根据患者提供的症状和既往病史，给出诊断建议、用药指导、饮食建议等综合意见，帮助患者更好地管理疾病。

4. 病情监测和预测。患者可以通过智能设备随时监测自己的健康数据，比如血压、血糖、心率等。系统可以实时监测患者的健康数据，并根据预设的模型和算法进行病情预测，提前发现疾病恶化的迹象，及时调整治疗方案。

通过这个基于 AI 的诊断系统，患者可以获得类似于超级医生的服务，享受到更快速、更准确、更个性化的诊断和治疗方案。这不仅提高了医疗服务的效率和准确性，也提升了患者的治疗体验和健康水平。

该系统显著提升了医疗服务的效率和质量，使早期诊断和个性化治疗成为可能，提高了公共卫生水平。

9.1.3.8 潜在的社会问题

1. 失业

自动化和 AI 就像一把双刃剑，一方面促进了效率的提升，另一方面取代了许多传统工作岗位，导致失业率上升等社会问题。

（1）提高效率。自动化和 AI 的应用可以大大提高生产效率和工作效率。它们能够执行重复、繁琐的任务，节省大量人力资源和时间成本。自动化技术可以在生产线上执行任务，而 AI 能够快速分析大量数据并做出智能决策，从而加速工作流程、优化资源利用和降低成本。

（2）取代传统工作。随着自动化和人工智能技术的发展，一些传统的人力密集型工作逐渐被机器人和智能系统所取代。例如，生产线上的机器人替代了一部分人工操作，自动驾驶技术可能会取代部分交通运输岗位。在服务业中，某些工作也受到了影响，比如客服行业的自动化客服系统、银行业的自助服务设备等，都减少了对人力的需求。

（3）技能转型。随着自动化和人工智能技术的普及，人们需要不断提升自己的技能，以适应新的工作环境和需求。传统工作被取代的同时，也会出现一些新的职业和岗位，比如人工智能工程师、数据科学家、机器学习专家等。因此，人们需要不断学习和更新知识，培养适应新技术的能力，以提升自身竞争力，增加就业机会。

（4）社会影响。自动化和人工智能技术的发展也带来了一些社会问题，比如失业率上升、社会不平等加剧等。失去工作的人们可能面临经济困难和心理压力，而技术发展也可能加剧贫富差距。对此，社会需要采取相应的政策和措施，来应对自动化和人工智能带来的挑战，包括提供再培训和职业转型机会、建立社会保障制度等。

应对方案：社会和企业需要关注劳动力市场的转型，提供技能培训和再就业支持，以减少失业和社会不稳定的情况。

2. 数字鸿沟

数字鸿沟如同一道无形的墙，它阻碍了不同社会群体获取信息和技术的机会，导致社会不平等现象加剧。以下例子说明了数字鸿沟的存在。

（1）教育领域。在发达国家与发展中国家之间存在明显的数字鸿沟。发达国家的学校通常配备最新的计算机设备和高速互联网，学生可以轻松获取各种在线教育资源和学习工具。而在一些发展中国家或偏远地区，学校可能缺乏基本的计算机设备和网络连接，学生无法享受到与发达国家同等水平的教育资源和技术支持，导致教育机会不均等。

（2）就业机会。数字技术的普及和发展改变了众多行业的工作需求。对于拥有数字技能的人来说，他们更容易获得高薪就业和职业晋升的机会。然而，对于缺乏数字技能或数字素养的人来说，他们可能会被边缘化，难以适应新的工作环境，从而导致就业机会不均等，进一步加剧社会的不平等现象。

（3）健康保健。在一些偏远或贫困地区，由于缺乏数字医疗设备和远程医疗服务，居民难以及时获得医疗服务和健康信息。而在发达国家或城市地区，数字化医疗系统和远程医疗服务的普及使得居民可以更便捷地获得医疗咨询和诊断，享受到更好的健康保健服务。

（4）信息获取。数字技术的普及使信息获取变得更加便捷和广泛。然而，在一些贫困地区或老年人群体中，由于缺乏数字素养和访问互联网的能力，他们可能无法获取最新的新闻资讯、教育资源等信息，导致信息不对等。

综上所述，数字鸿沟不仅存在于不同国家之间，也存在于同一个国家内部的不同社会群体之间。这种不平等现象加剧了社会中的不公平，需要政府、企业和社会各界共同努力，缩小数字鸿沟，促进数字包容和社会公平。

应对方案：政府和社会组织需要共同努力，确保技术普及和教育资源的公平分配，缩小城乡之间的贫富差距。

3. 道德伦理

人工智能和大数据就像一把窥探生活的放大镜，可能帮助我们更好地了解世界，也可能侵犯隐私，触及道德底线。

假设某个社交媒体平台使用了人工智能和大数据分析技术，来分析用户的行为和偏好，以便为他们提供个性化的广告推送。以下是该平台在利用人工智能和大数据帮助用户的同时，可能侵犯用户隐私的例子。

（1）个性化推荐。当用户在该平台上浏览内容时，人工智能会通过分析用户的点击记录、喜好、评论等数据，了解用户的兴趣和偏好。基于这些数据，人工智能为用户推荐其可能感兴趣的内容、商品或服务，从而提供更加个性化和精准的用户体验。

（2）隐私风险。为了实现个性化推荐，平台可能需要收集大量用户的个人数据，包括浏览历史、地理位置、社交关系等。如果这些数据被滥用或泄露，用户的隐私将受到侵犯，可能引发个人信息泄露、身份盗用等风险，对用户的个人权益造成损害。

（3）算法偏见。AI算法可能存在偏见，导致对用户进行错误分类或不公平对待。如果平台的AI算法在性别、种族、年龄等方面存在偏见，就可能给某些用户带来不公正的对待。这种偏见可能会加剧社会不平等，并影响用户对平台的信任和满意度。

（4）道德考量。平台需要权衡个性化推荐的商业利益与用户隐私保护之间的关系。在追求利润最大化的同时，也应该重视用户的隐私权和个人权益。平台应该建立透明的数据使用政策，告知用户他们的数据将如何被使用，并提供选择权，让用户决定是否愿意分享个人数据以获取个性化服务。

综上所述，虽然AI和大数据可以帮助我们更好地了解世界并提供个性化服务，但也需要注意隐私保护和道德底线的问题。平台应制定合适的政策和措施，以保护用户的隐私权和个人权益，确保AI和大数据的应用是安全、公正且可信的。

应对方案：需要严格遵守伦理规范，制定相应的法律法规，确保技术应用的合规性和道德性。

总之，新一代信息技术正在渐渐改变我们的社会结构、工作和生活方式，同时也带来了巨大机遇和挑战。通过合理引导和监管，我们可以最大限度地发挥这些技术的优势，促进经济增长、改善公共服务、提高生活质量，同时有效应对可能带来的社会问题，从而构建一个更加公平、智慧和可持续的未来。

9.2 教育与研究的未来发展

本节概要

本节讨论了云计算与大数据技术在学术研究中的新方向，如大规模数据集的存储与处理、实时数据分析和流处理、数据共享与协作平台、高性能计算与云计算的融合、AI 与 ML 的应用，以及数据隐私和安全性研究。此外，还探讨了云计算支持的教育与培训，强调了技术创新对教育领域的变革作用。

9.2.1 云计算与大数据在学术研究中的新方向

云计算和大数据技术在学术研究中正催生一系列新的方向和方法，推动了各学科领域的革新。以下是一些主要的新方向，并通过具体应用场景的展示以及类比的形式使其易于理解。

9.2.1.1 大规模数据集的存储与处理

新方向：通过云计算平台处理和存储大规模数据集，使研究人员可以处理以前无法处理的数据量。

传统存储：就像在自家书房里存放书籍，空间有限。

云存储：就像一个无限大的图书馆，不仅存储空间巨大，而且随时随地能够访问和借阅书籍。

应用：在天文学、基因组学和气象学等领域，云计算平台能够存储和处理海量数据。例如，天文望远镜捕获的全天空图像或基因测序产生的数据。

9.2.1.2　实时数据分析和流处理

新方向：通过云计算实现实时数据分析和流处理，使研究人员能够在数据生成的瞬间进行分析。

传统数据分析：就像每天晚上在固定时间记录并分析一天的天气数据。

实时数据分析：就像随时记录和分析实时天气变化，从而及时预警。

应用：在生态学和环境科学中，实时数据分析可以用于监测自然灾害（如地震、洪水）的实时数据，及时提供预警和响应。

9.2.1.3　数据共享与协作平台

新方向：通过云计算构建数据共享与协作平台，使得跨学科和跨地域的研究人员能够共享数据和研究成果，进行协作研究。

传统协作：就像通过邮寄信件进行学术讨论，效率低下。

云端协作：就像使用一个在线文档编辑平台，不同地方的研究人员可以同时编辑和讨论同一份文档。

应用：在医学和公共卫生研究中，全球研究团队可以共享疾病数据和研究成果，联合攻克重大疾病。

9.2.1.4　高性能计算（High Performance Computing, HPC）与云计算的融合

新方向：将高性能计算与云计算融合，使研究人员能够利用强大的计算资源进行复杂的模拟和计算。

传统计算：就像用一台普通计算器进行复杂数学运算，速度慢且易出错。

云计算与HPC：就像使用一台超级计算机，能够在短时间内完成复杂的运算任务。

应用：在物理学和化学中，高性能计算可以用于模拟复杂的分子结构和物理现象，加速科研突破。

9.2.1.5　AI与ML在学术研究中的应用

新方向：利用云计算提供的AI和ML服务，处理和分析大数据集，发现潜

在的模式和关系。

传统分析方法：就像用放大镜仔细观察数据，效率低下且容易遗漏细节。

AI 与 ML：就像使用一个自动化的模式识别工具，能够快速准确地发现数据中的隐藏模式。

应用：在社会科学和经济学中，ML 算法可以分析大量的社会经济数据，预测趋势和行为模式，从而指导政策制定。

9.2.1.6 数据隐私和安全性研究

新方向：研究如何在云计算环境中保护数据隐私和安全，开发新的加密技术和隐私保护算法。

传统安全措施：就像在家门口安装普通锁具，容易被破解。

云安全技术：就像安装智能安保系统，能够实时监控和保护房屋安全。

应用：在医疗研究中，保护患者数据的隐私至关重要。通过云计算中的新型加密技术，可以确保敏感数据在分析和共享过程中不被泄露。

9.2.1.7 云计算支持的教育与培训

新方向：利用云计算平台提供在线教育和培训资源，使教育资源和科研成果更加开放和普及，学生能够获得更多的教育机会。

传统教育：就像在一个固定的教室上课，受时间和空间限制。

云教育：就像在一个虚拟教室里，任何人都可以随时随地参与学习和讨论。

应用：在教育学中，云计算可以提供虚拟实验室和在线课程资源，帮助学生和研究人员进行远程学习和实验。

云计算和大数据技术正在为学术研究开辟新的方向和方法，极大地提升了研究效率和成果质量。通过这些技术，研究人员能够处理和分析海量数据、实现实时协作、利用强大的计算资源进行复杂模拟，并保护数据隐私和安全。这些创新不仅推动了科学研究的进步，还为教育、医疗和公共服务等领域带来了广泛的应用和变革。然而，我们也需要应对这些技术带来的挑战，确保其安全、合规和公平应用。

9.2.2 教育领域的技术创新与人才培养

在教育领域，云计算和大数据技术的应用正在推动技术创新和教学方法的变革。以下是云计算和大数据在教育领域的具体应用，以及如何培养适应未来技术需求的人才。

9.2.2.1 云计算在教育中的应用

1. 在线学习平台。云计算就像一个能够容纳无限人员的教室，学生和教师可以随时随地进入其中进行学习和教学。利用云计算，教育机构可以构建在线学习平台，提供丰富的课程资源、在线讲座和互动学习工具。这种平台能够根据学生的需求和进度提供个性化的学习体验。

2. 虚拟实验室。虚拟实验室就像一个没有物理限制的科学实验室，学生可以随时在其中进行实验和探索。通过云计算技术，学生可以在虚拟环境中进行复杂的科学实验和工程模拟，获取实际操作经验。这种方式不仅节约成本，还能提供更多的实践机会。

例子：在一个虚拟实验室中，学生们要进行一个酸碱中和反应的实验。学生进入虚拟实验室后，可以看到各种实验器具整齐地摆放在虚拟实验台上，如同真实的实验室一般。学生首先选取合适的量杯，用量杯准确量取一定量的盐酸溶液，倒入虚拟的烧杯中。然后，再用量杯量取适量的氢氧化钠溶液，小心地倒入装有盐酸的烧杯中。在虚拟环境中，可以清晰地看到两种溶液混合后发生的反应，液体的颜色逐渐变化，温度也有细微的升高。通过虚拟的传感器，学生能够实时监测溶液的酸碱度变化，并且可以随时暂停实验，仔细观察反应的各个阶段。实验结束后，学生可以根据虚拟实验室提供的数据和图表，分析整个实验过程，总结酸碱中和反应的特点和规律。这样，学生虽然身处虚拟环境中，但依然获得了如同在真实实验室中进行实验操作的宝贵经验。

3. 数据存储与管理。云存储就像一个巨大的数字图书馆，存储着海量的教育资源和学生数据，随时可供检索和使用。学校和教育机构可以利用云计算存储和管理大量的学生数据、教学资源和研究资料，确保数据的安全并便于访问。

9.2.2.2　大数据在教育中的应用

1. 个性化学习。大数据分析就像一个智能导师，能够根据每个学生的学习情况为其量身定制专属的学习计划。通过分析学生的学习行为和成绩数据，教育机构可以为每个学生制定个性化的学习路径，帮助他们更有效地掌握知识，提高学习效率。

2. 教育质量评估。大数据分析如同一个精密的监测系统，能够实时评估教育质量和教学效果。通过对教学过程和学生反馈数据进行深入详尽的分析，教育机构可以评估和改进教学质量，优化课程设置和教学方法。

3. 学习预测与干预。大数据分析如同一个预警系统，能够预测学生的学习风险并及时干预。通过分析学生的学习进度和行为数据，教育机构可以识别出学习困难的学生，提供个性化的辅导和支持，防止学生掉队，从而保证教育质量的整体提升。

9.2.2.3　培养适应未来技术需求的人才

1. 技术教育与培训。技术教育与培训如同为学生提供工具箱，帮助他们掌握未来所需的技能。教育机构应加强对云计算、大数据、AI 和 IoT 等技术的教育，开设相关课程和培训项目，培养学生的技术能力和创新思维。

2. 跨学科教育。跨学科教育就像将不同的拼图块组合在一起，帮助学生形成全面的知识体系。它鼓励学生在学习技术课程的同时，积极涉猎人文社科、艺术和商业等领域的知识，从而培养学生的跨学科综合能力，并提升其解决复杂问题的能力。

3. 实践与项目导向学习。项目导向学习旨在让学生在真实的工作环境中实践，以锻炼他们的实际操作能力。通过提供实际项目和实习机会，学生能够在真实环境中应用所学知识，进而培养他们的实践能力和团队合作精神。

4. 终身学习的理念。终身学习即不断充实自己的知识库，保持对新技术和新知识的敏感性。教育机构应鼓励学生养成终身学习的习惯，通过在线课程、研讨会和培训等途径，不断更新和提升自己的技能。

云计算和大数据技术在教育领域的应用，为教育创新和个性化学习提供了新的可能性。同时，通过加强技术教育、跨学科培养、实践导向学习和终身学习理念，教育机构可以培养出适应未来技术需求的人才。这样的教育体系不仅能提高学生的竞争力，也为社会的技术进步和经济发展提供了坚实的人才基础。

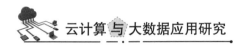

9.2.3 产业发展对人才需求的变化与趋势

随着云计算和大数据技术的发展，产业对人才的需求正在发生显著变化。以下是对关键技能需求的分析、教育机构的调整策略、个人的终身学习方法以及职业发展路径和新兴职业角色的探讨。

9.2.3.1 关键技能需求分析

1. 数据分析

技能需求：掌握统计分析、数据挖掘、数据可视化，以及 SQL 和 Python 等编程语言。

角色：数据科学家、数据分析师、商业智能分析师。

未来趋势：数据分析将更加依赖自动化工具和人工智能，数据驱动的决策将成为企业的核心竞争力。

2. 云计算架构设计

技能需求：熟悉云平台（如 AWS、Azure、Google Cloud）、云架构设计、DevOps、微服务架构、容器化技术（如 Docker 和 Kubernetes）。

角色：云架构师、云工程师、DevOps 工程师。

未来趋势：企业将更加依赖混合云和多云策略，云原生应用开发将成为主流。

3. 网络安全

技能需求：网络安全策略、渗透测试、风险管理、加密技术、网络协议、合规性和法规。

角色：网络安全分析师、信息安全工程师、安全架构师。

未来趋势：随着网络攻击日益复杂，企业对高级安全技能和实时威胁检测的需求将增加。

4. 机器学习

技能需求：机器学习算法、深度学习、自然语言处理（Natural Language Processing, NLP）、计算机视觉、TensorFlow、PyTorch。

角色：机器学习工程师、AI 研究员、数据科学家。

未来趋势：AI 和机器学习将广泛应用于自动化、预测分析、个性化服务等领域，这要求从业者具备强大的算法设计和应用能力。

9.2.3.2　教育机构的调整策略

1. 课程设计

调整策略：教育机构需要引入和更新涉及云计算、大数据、AI、网络安全等领域的课程。

实施方法：增加编程课程、数据科学与分析课程、云计算架构与管理课程，以及网络安全实战训练。

2. 实践教学

调整策略：加强实践和项目导向的教学方法。

实施方法：与企业合作提供实习机会、项目课程和实践实验室，让学生在真实环境中应用所学知识。

3. 终身学习

调整策略：提供灵活的学习途径，如在线课程、短期培训、证书项目。

实施方法：通过大型开放式在线课程（MOOCs）、夜校、继续教育等途径，帮助学生和专业人士不断更新技能。

9.2.3.3　个人的终身学习方法

1. 自我学习

方法：利用在线学习平台（如 Coursera、edX、Udacity）学习最新技术课程，参加技术社区和论坛，阅读技术博客和白皮书。

目标：保持对新技术和行业趋势的敏感性，不断提升自己的技能。

2. 认证和证书

方法：获取行业认可的认证，如 AWS 认证、Microsoft Azure 认证、Google Cloud 认证、信息系统安全专业认证（Certified Information Systems Security Professional, CISSP）、特许金融分析师（Chartered Financial Analyst, CFA）。

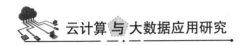

目标：通过认证证明自己的专业能力，提升职业竞争力。

3. 职业网络

方法：参加行业会议、研讨会、技术交流会，加入专业协会和技术社群。

目标：拓展人脉资源，获取最新行业资讯和职业机会。

9.2.3.4 职业发展路径和新兴职业角色

1. 传统角色的演变

IT 管理员：传统的系统管理员需要掌握云平台的管理技能，转型为云管理员或云工程师。

软件开发人员：传统开发人员需要学习云原生开发技术，掌握 DevOps 和 CI/CD 工具。

项目经理：需要具备技术背景，理解云计算和大数据项目的独特需求，转型为技术项目经理或产品经理。

2. 新兴职业角色

云计算：云架构师、云安全工程师、云运营经理。

大数据：数据科学家、数据工程师、商业智能开发者。

人工智能：ML 工程师、AI 研究员、NLP 专家。

网络安全：安全运营中心（Security Operations Center, SOC）分析师、渗透测试员、安全顾问。

9.2.3.5 持续的专业发展和认证

1. 专业发展

方法：参加企业内训、外部培训、技术研讨会和行业交流会。

目标：保持技术更新，提升领导力和管理能力，拓展跨领域知识。

2. 认证

方法：根据职业需求和兴趣，选择合适的技术认证和专业证书，不断学习并

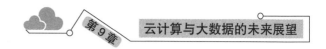

获得新的技术认证。

目标：通过技术认证证明专业水平，增强职业竞争力和市场价值。

随着云计算和大数据技术的发展，产业对人才的需求正在向数据分析、云计算架构设计、网络安全、机器学习等方向倾斜。教育机构需要调整课程和培训计划，个人则需要通过终身学习来适应这些变化。

未来，新的职业角色将不断涌现，传统角色也将持续演变。通过持续的专业发展和认证，人才可以保持竞争力，适应快速变化的技术环境，并为产业和社会的发展贡献力量。

第 10 章 云计算与大数据的可持续发展

本章聚焦于云计算与大数据的可持续发展。首先，分析其环境影响与能源效率，包括基础设施能源消耗的来源、特点及评估指标，并提出提高能源效率的方法与案例。接着，阐述绿色技术的应用，涵盖绿色能源和节能技术在该领域的应用及实践案例。然后，介绍可持续策略，如优化数据中心设计、提高能源效率、利用可再生能源等。最后，展示绿色云计算与大数据的实践案例，包括数据中心节能、云服务提供商的实践、大数据节能减排及智慧城市应用等，以展现其巨大发展潜力。

10.1 云计算与大数据的环境影响与能源效率

本节概要

本节重点探讨云计算与大数据的环境影响及能源效率等问题，分析了其基础设施的能源消耗来源，包括数据中心、服务器等关键组件；阐述了能源消耗的特点，如规模效应明显、负载波动大等；介绍了能源效率评估指标，如 PUE 等；探讨了影响能源效率的因素及提高方法，包括采用先进技术、优化冷却系统等，并通过案例分析展示了提高能源效率的实际成效，强调了应深入了解能源消耗模式，并采取有效措施实现可持续发展，为云计算与大数据的应用提供有力支持。

10.1.1 云计算与大数据的能源消耗分析

在当今数字化时代，云计算和大数据技术的广泛应用对各行各业都产生了深远影响，同时也带来了不可忽视的能源消耗问题。本节将深入剖析云计算和大数据的能源消耗模式，探讨数据中心的能源效率和优化策略，这对于实现可持续发展具有重要意义。

10.1.1.1 云计算和大数据基础设施的组成与能源消耗来源

云计算和大数据的基础设施涵盖了数据中心、服务器、存储设备、网络设备等多个关键组件，这些组件的运行均依赖于大量的能源供应。

1. 数据中心

数据中心作为云计算和大数据的核心枢纽，其能源消耗主要源于以下几个方面。

（1）服务器

处理器：作为服务器的核心部件，处理器的性能与功耗密切相关。高性能处

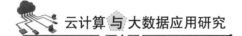

理器在执行复杂的计算任务时，会消耗大量电能。例如，拥有多核心、高频率的处理器虽然能够提供强大的计算能力，但也会导致能源消耗的显著增加。

内存：内存的容量和访问频率会对能源消耗产生影响。大容量的内存以及频繁的内存读写操作会消耗大量的电能。

硬盘：硬盘的类型以及读写操作的频率也会影响能源消耗。如机械硬盘（Hard Disk Drive,HDD）在运行时需要电机驱动磁盘旋转，能源消耗相对较高；固态硬盘（Solid State Drive,SSD）则具有更快的读写速度和较低的能源消耗，但成本相对较高。

（2）冷却系统

空调系统：为了确保服务器等设备在适宜的温度环境下稳定运行，数据中心通常会配备大规模的空调系统。这些空调系统需要消耗大量的电能来维持室内恒定的温度和湿度。

风扇和冷却水泵：除了空调系统，数据中心还配备了风扇和冷却水泵等辅助设备，用于加强空气流通和冷却液循环，以提高冷却效果。这些设备的运行也会消耗相应的能源。

（3）电源设备

变压器：电源设备中的变压器在将外部电源电压转换为服务器等设备所需电压的过程中，会产生一定的能量损耗。

不间断电源（Uninterruptible Power Supply，UPS）：UPS系统用于在电力中断时提供备用电源，确保数据中心的持续运行。然而，UPS系统在充电和放电过程中也会消耗一定的能量。

2. 服务器

服务器是云计算和大数据基础设施中的关键设备，其能源消耗不仅与处理器、内存和硬盘等部件有关，还与服务器的数量、负载情况以及配置方式等因素密切相关。

服务器数量：随着云计算和大数据应用的不断扩展，数据中心需要部署大量的服务器以满足计算和存储的需求。服务器数量的增加直接导致了能源消耗量的上升。

负载情况：服务器的负载波动会对能源消耗产生显著影响。在高负载状态下，服务器需要更多的能源来支持计算任务的执行；而在低负载状态下，服务器的能源消耗相对较低。因此，合理调配服务器的负载，确保其高效运行，对于降低能源消耗至关重要。

配置方式：服务器的配置方式，如是否采用冗余电源、硬盘阵列等，也会影响能源的消耗。虽然冗余配置可以提高服务器的可靠性，但同时也会增加能源消耗。

3. 存储设备

存储设备的能源消耗主要来自存储介质的读写操作以及存储控制器的运行。

存储介质：随着数据量的不断增长，存储设备的容量和数量也在不断增加。机械硬盘在读写数据时需要消耗较多的电能，而固态硬盘虽然单个设备的能源消耗较低，但在大规模存储场景中，其总能源消耗也不可忽视。

存储控制器：存储控制器负责管理存储介质的读写操作，其运行也需要消耗一定的能源。高效的存储控制器能够优化读写策略，从而降低能源消耗。

4. 网络设备

网络设备的能源消耗主要来自交换机、路由器等设备的运行。

交换机：交换机在数据传输过程中需要处理大量的数据包，其能源消耗与数据传输量、端口数量以及设备性能等因素有关。高速、大容量的交换机通常具有较高的能源消耗。

路由器：路由器负责网络路由的选择和数据包的转发，其能源消耗与网络流量、处理能力等因素相关。在复杂的网络环境中，路由器需要不断进行计算和决策，从而消耗一定的能源。

10.1.1.2 云计算和大数据能源消耗的特点

1. 规模效应明显

云计算和大数据技术的发展使得数据中心的规模不断扩大，服务器、存储设备和网络设备的数量呈指数级增长。这种规模效应导致能源消耗总量迅速上升，对能源供应提出了更高的要求。

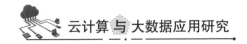

2. 负载波动大

云计算和大数据的应用具有高度的不确定性,负载波动较大。在高峰时段,如电商促销活动期间或社交媒体热点事件发生时,数据中心的负载会急剧增加,导致能源消耗瞬间飙升;而在低谷时段,负载则会大幅下降,能源消耗也相应减少。这种负载波动给数据中心的能源管理带来了巨大挑战,需要灵活的能源调配和高效的设备运行策略来应对。

3. 散热需求高

服务器、存储设备和网络设备在运行过程中会产生大量的热量,为了保证设备的正常运行和性能稳定,需要及时有效地将这些热量散发出去。因此,数据中心的冷却系统需要具备强大的散热能力,这也导致了冷却系统成为数据中心的主要能源消耗之一。

10.1.1.3 数据中心的能源效率评估指标

为了准确评估数据中心的能源效率,通常采用以下几个关键指标。

1. PUE(电能使用效率)

PUE(Power Usage Effectiveness)是数据中心总能源消耗与IT设备能源消耗的比值。它反映了数据中心的整体能源利用效率。PUE值越接近1,表明数据中心的能源利用效率越高,非IT设备(如冷却系统、电源设备等)的能源消耗占比越小。

2. DCIE(数据中心基础架构效率)

DCiE(Data Center Infrastructure Efficiency)是指IT设备能源消耗与数据中心总能源消耗的比值,它与PUE互为倒数。DCiE的值越高,说明数据中心基础设施的能源效率越高,IT设备能够更有效地利用输入的能源。

3. IT设备能效比

IT设备能效比是指IT设备每消耗单位能量所能提供的计算能力或存储能力。例如,服务器的能效比可以用每瓦特性能(Performance per Watt)来表示,即服务器的计算性能与功耗的比值。能效比越高，表明 IT 设备在提供相同计算或存储能力的情况下，消耗的能源越少。

10.1.1.4 数据中心能源效率的影响因素

1. 设备选型

服务器能效：选择高能效的服务器是提高数据中心能源效率的关键。新一代服务器通常采用更先进的处理器技术、节能的内存和存储设备，以及优化的电源管理系统，能够在提供强大计算能力的同时降低能源消耗。

存储设备能效：存储设备的能效对数据中心的能源效率也有重要影响。采用固态硬盘替代传统的机械硬盘可以显著降低存储设备的能源消耗，同时提高数据读写速度。

网络设备能效：高效的网络设备，如低功耗的交换机和路由器，能够减少数据传输过程中的能源损耗，提高网络性能。

2. 冷却系统设计

冷却方式：数据中心的冷却方式直接影响冷却系统的能源消耗。传统的风冷方式需要消耗大量电能来驱动风扇进行空气循环，而采用自然冷却、液冷或蒸发冷却等先进方式，可以大大降低冷却系统的能源消耗。

热管理：合理的热管理设计可以提高冷却系统的效率。通过优化数据中心的布局，改善气流组织，减少热空气的回流和冷空气的短路，可以使冷却系统更有效地带走热量，降低能源消耗。

3. 数据中心布局

设备布局：通过合理规划服务器、存储设备和网络设备的布局，可以提高气流流通的效率，减少热点的形成，从而降低冷却系统的负担。例如，将服务器按照热通道和冷通道进行排列，使冷空气能够更顺畅地流经设备，带走热量。

空间利用率：提高数据中心的空间利用率有助于减少设备的数量，从而降低能源消耗。采用高密度的服务器机架和存储设备，能够在有限的空间内容纳更多的计算和存储资源。

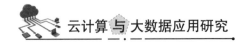

4. 管理策略

负载均衡：通过负载均衡技术，将数据中心的负载均匀地分配到各个服务器上，避免出现某些服务器过度负载而其他服务器闲置的情况。这样可以提高服务器的利用率，减少不必要的能源消耗。

虚拟化管理：虚拟化技术能够将众多物理服务器虚拟化为一个逻辑服务器，从而提高服务器的资源利用率。通过合理的虚拟化管理，可以根据实际需求动态分配资源，有效避免资源浪费。

能源监控与管理：建立完善的能源监控系统，实时监测数据中心的能源消耗情况，及时发现能源浪费的问题，并采取相应的措施进行优化。同时，通过制定和实施能源管理策略，可以有效控制能源消耗，进而提高能源使用效率。

10.1.1.5 提高数据中心能源效率的方法

1. 采用先进技术

（1）虚拟化技术

资源整合：虚拟化技术可以将多个物理服务器的资源整合到一个虚拟环境中，实现资源的共享和动态分配。这可以减少服务器的数量，提高服务器的利用率，从而降低能源消耗。

节能模式：虚拟化平台通常提供节能模式，如动态电压频率调整（Dynamic Voltage and Frequency Scaling，DVFS）和虚拟机迁移等功能。DVFS 可以根据服务器的负载情况自动调整处理器的电压和频率，从而降低能源消耗；虚拟机迁移则可以将负载较低的虚拟机迁移到较少的服务器上，关闭空闲的服务器，以进一步降低能源消耗。

（2）云计算技术

弹性资源分配：云计算技术可以根据用户需求动态分配计算、存储和网络资源，实现资源的弹性扩展和收缩。在业务高峰期，云计算平台可以自动增加资源以满足需求；而在业务低谷期，则可以释放多余的资源，避免资源的闲置和浪费。

绿色云计算：云计算服务提供商通常会采用一些绿色技术，如使用可再生能源、优化数据中心布局和冷却系统等方式，以降低云计算数据中心的能源消耗。

用户可以选择使用绿色云计算服务，以减少自身的碳足迹。

（3）绿色能源技术

太阳能：在数据中心建设太阳能发电系统，利用太阳能为数据中心提供部分或全部电力供应。太阳能是一种清洁、可再生的能源，不会产生温室气体排放，有助于降低数据中心的碳排放。

风能：在风力资源丰富的地区建设风力发电场，为数据中心供电。风能是一种可再生能源，具有可持续发展的特点。

水能：利用附近的水电站为数据中心提供电力。水能是一种清洁、高效的能源，能够为数据中心提供稳定的电力供应。

2. 优化冷却系统

（1）自然冷却

季节利用：充分利用自然环境的温度变化，在冬季或夜间等温度较低的时段，采用自然通风或热交换器等方式，将室外的冷空气引入数据中心，降低室内温度，减少空调系统的运行时间。

地理位置选择：在数据中心选址时，考虑当地的气候条件，选择气候凉爽的地区建设数据中心，以最大限度地利用自然冷却。

（2）液冷技术

直接液冷：该技术涉及将冷却液直接接触服务器的发热组件，例如处理器和内存，以迅速传导并移除热量。由于其高效的热传导性能，直接液冷能够显著降低服务器温度，从而提升服务器的稳定性和可靠性。

间接液冷：此技术通过热交换器将服务器产生的热量传递给冷却液，随后冷却液再将热量带走。间接液冷技术以其相对较高的安全性及易于维护的特点而受到青睐。

3. 优化数据中心布局

（1）合理规划设备布局

热通道和冷通道隔离：严格按照热通道和冷通道的设计原则，将服务器等设备的散热口对准热通道，进气口对准冷通道，确保冷空气能够有效地流经设备，带走热量。

线缆管理：合理布置线缆，避免线缆阻挡气流流通，影响散热效果。同时，采用扁平线缆或线槽等方式，减少线缆对空间的占用，提高空气流通效率。

（2）采用高密度服务器

提高计算密度：高密度服务器采用紧凑的设计，能够在相同的空间内容纳更多的计算资源。通过部署高密度服务器，可以提高数据中心的计算能力，同时减少服务器的数量，降低能源消耗。

优化散热设计：高密度服务器通常配备高效的散热系统，如增强型风扇、热管散热等。这些系统能够有效地将服务器产生的热量散发出去，确保服务器的稳定运行。

4. 加强管理和监控

（1）负载均衡

实时监测：通过实时监测数据中心的负载情况，及时发现负载不均衡的问题，并进行调整。

智能调度：采用智能负载均衡算法，根据服务器的性能、负载情况和资源利用率等因素，自动将负载分配到最合适的服务器上，提高服务器的整体利用率。

（2）智能监控

能源消耗监测：建立全面的能源消耗监测系统，实时监测数据中心各个设备的能源消耗情况，包括服务器、存储设备、网络设备和冷却系统等。

性能监测：同时监测数据中心设备的性能指标，如服务器的 CPU 利用率、内存使用率、磁盘输入 / 输出（Input/Output，IO）等，以及网络设备的带宽利用率和延迟等。

数据分析与优化：通过对监测数据的分析，发现能源消耗的瓶颈和优化空间，及时采取措施进行调整和优化。例如，调整服务器的配置和优化冷却系统的运行参数等。

10.1.1.6 数据中心能源优化的案例分析

1. 案例一：某大型互联网公司的数据中心

该公司的数据中心采用了一系列先进的技术和策略来提高能源效率。

虚拟化和云计算技术：广泛应用虚拟化技术，将服务器资源进行整合和优化，提高了服务器的利用率。同时，通过云计算技术实现资源的弹性分配，根据业务需求动态调整资源配置，有效避免了资源的浪费。

自然冷却和液冷技术：在数据中心的冷却系统中，采用了自然冷却与液冷技术相结合的方式。在温度适宜的季节，充分利用自然冷却，减少空调系统的运行时间；在高温季节，则采用液冷技术对服务器进行高效散热，降低冷却系统的能源消耗。

智能监控和管理：建立了智能监控系统，实时监测数据中心设备的运行状态、能源消耗情况和环境参数等。通过数据分析和智能算法，实现对数据中心的精细化管理，及时发现并解决潜在问题，确保数据中心的高效运行。

通过这些措施，该数据中心的 PUE 值降低到 1.2 以下，能源效率显著提高，同时也降低了运营成本，为公司的可持续发展提供了有力支持。

2. 案例二：某金融机构的数据中心

该金融机构的数据中心在能源优化方面也采取了一系列积极措施。

设备选型优化：在服务器、存储设备和网络设备的选型上，优先选择高能效的产品。例如，采用低功耗的处理器、固态硬盘和节能型的网络设备，有效降低设备自身的能源消耗。

冷却系统优化：对冷却系统进行优化升级，采用更高效的空调系统和冷却水泵，优化了气流组织，提升了冷却效果。同时，还加强了冷却系统的智能控制，能够根据设备负载和环境温度，自动调整冷却系统的运行参数，实现节能降耗。

数据中心布局优化：对数据中心的布局进行合理规划，采用了热通道和冷通道隔离的设计，确保冷空气能够有效流经设备并带走热量。同时，优化了线缆管理，减少了线缆对气流的阻碍，进一步提高了空气流通效率。

通过这些措施，该金融机构的数据中心的能源效率得到了显著提升，PUE 值降低到了 1.3 以下，同时也提高了数据中心的可靠性和稳定性，为金融业务的顺利开展提供了切实保障。

总之，云计算和大数据的发展离不开能源的支持，而能源消耗又会对环境产生一定的影响。因此，我们需要深入了解云计算和大数据的能源消耗模式，并采取有效措施来提高和优化数据中心的能源效率，以实现可持续发展。通过采用先进技术、优化冷却系统、合理规划数据中心布局、加强管理和监控等措施，可以显著提高数据中心的能源效率，降低能源消耗，为云计算和大数据的可持续发展提供有力支持。同时，政府、企业和社会各界也应共同努力，推动云计算和大数据技术的绿色发展，为实现可持续发展目标作出贡献。

10.1.2 绿色技术在云计算与大数据中的应用

随着云计算和大数据技术的快速发展，其对能源的需求也日益增长。为了减少对环境的影响，实现可持续发展，绿色技术在云计算与大数据中的应用变得越来越重要。

10.1.2.1 绿色能源在数据中心的应用

1. 太阳能

太阳能是一种清洁、可再生的能源，在云计算和大数据领域具有广阔的应用前景。数据中心可以安装太阳能电池板，将太阳能转化为电能，为服务器、冷却系统等设备提供电力支持。例如，一些数据中心在屋顶或周边空地安装了大量的太阳能电池板，通过光伏发电满足部分或全部的能源需求。此外，太阳能还可以与其他能源相结合，形成互补的能源供应系统，提高能源的稳定性和可靠性。

2. 风能

风能作为一种可再生能源，特别适合在风力资源丰富的地区应用。数据中心利用风力发电设备将风能转化为电能，为数据中心提供绿色电力支持。一些数据中心建在风力强劲的地区，与当地的风力发电场合作，获取清洁能源。此外，将风能与储能系统结合使用，在风力充足时储存多余的电能，在风力不足时释放储存的电能，以保证电力供应的稳定和数据中心的正常运行。

3. 水能

水能是一种传统的清洁能源，在云计算和大数据中也有一定的应用。数据中

心可以建在靠近水电站的位置，以便利用水电站提供的电力资源。水能发电以其高稳定性和成本的优势，为数据中心提供了可靠的能源支持。此外，一些数据中心还采用了水力冷却系统，利用水流来冷却服务器等设备，降低冷却系统的能源消耗。

4. 其他可再生能源

除了太阳能、风能和水能，还有一些其他的可再生能源也可以应用于云计算和大数据领域，如生物质能、地热能等。这些能源的应用可以进一步丰富数据中心的能源供应结构，提高能源的可持续性。

10.1.2.2　节能技术在云计算与大数据中的应用

1. 服务器节能技术

（1）处理器节能技术

处理器是服务器的核心部件，其能源消耗在服务器总体能源使用中占据了相当大的比例。为了减少处理器的能源消耗，一些尖端处理器集成了 DVFS（动态电压和频率调整）技术，能够根据服务器的负载情况自动调整处理器的电压和频率，从而降低能源消耗。此外，部分处理器还采用了多核心和低功耗设计，确保在性能不受影响的同时，进一步减少能源消耗。

（2）内存节能技术

内存的能源消耗也不容忽视。为了降低内存的能源消耗，一些内存技术采用了低电压和低功耗的设计。例如，DDR4 内存相比 DDR3 内存，在能源消耗方面有了显著的降低。同时，一些服务器还采用了内存休眠技术，在服务器空闲时将内存置于休眠状态，以降低能源消耗。

（3）存储节能技术

存储设备的能源消耗也是数据中心能源消耗的重要组成部分。为了减少存储设备的能源使用，众多数据中心采用了 SSD 替代传统的 HDD。SSD 具有读写速度快、能耗低等优点，能够显著降低存储设备的能源消耗。此外，一些先进的存储技术还采用了数据压缩和重复数据删除等技术，减少数据的存储量，从而降低存储设备的能源消耗。

2. 冷却系统节能技术

（1）自然冷却技术

自然冷却技术是一种利用自然环境温度来降低数据中心温度的技术。在温度适宜的季节，数据中心可以通过自然通风、冷却塔等方式，将室外的冷空气引入室内，降低室内温度，减少冷却系统的运行时间，从而降低能源消耗。例如，一些数据中心在冬季或夜间采用自然冷却技术，能够将冷却系统的能源消耗降低30%以上。

（2）液冷技术

液冷技术是一种利用液体冷却服务器等设备的技术。与传统的风冷技术相比，液冷技术具有更高的散热效率，能够更有效地降低设备温度。同时，液冷技术还可以减少冷却系统的能源消耗，降低数据中心的 PUE 值。例如，一些数据中心采用了直接液冷技术，将冷却液直接接触服务器的发热部件，以快速带走热量，提高散热效率。

（3）智能冷却技术

智能冷却技术通过传感器、控制器等设备实现冷却系统自动化控制。智能冷却系统可以根据数据中心的负载情况、环境温度等因素，自动调整冷却系统的运行参数，实现精确制冷，从而降低能源消耗。例如，一些数据中心采用智能冷却技术，能够根据服务器的负载情况自动调整风扇的转速，提高冷却效率，减少能源消耗。

3. 虚拟化技术

虚拟化技术是一种将物理资源虚拟化为多个逻辑资源的技术。通过虚拟化技术，数据中心可以将多个服务器虚拟化为一个逻辑服务器，从而提升服务器的使用效率，减少服务器的数量，并降低能源消耗。同时，虚拟化技术还可以实现资源的动态分配和管理，根据业务需求自动调整资源配置，从而提高资源的利用效率。例如，一些数据中心采用了虚拟化技术，能够将服务器的利用率提高到80%以上，显著降低了能源消耗。

4. 云计算技术

云计算技术可以实现资源的共享和弹性扩展,根据用户的需求动态分配资源,避免资源的闲置和浪费。通过云计算技术,数据中心可以将多个用户的计算任务集中在少数服务器上进行处理,提高服务器的利用率,降低能源消耗。同时,云计算技术还可以实现数据的集中存储和管理,减少数据的存储量,降低存储设备的能源消耗。例如,一些云计算服务提供商采用了云计算技术,能够将数据中心的 PUE 值降低到 1.5 以下,显著提高了能源效率。

10.1.2.3　绿色技术在云计算与大数据中的实践案例

1. 谷歌数据中心

谷歌数据中心集成了多种环保技术,实现了能源使用的高效性和对环境的最小影响。在数据中心的设计上,谷歌深入考虑了自然冷却和可再生能源的运用。例如,在某些数据中心,谷歌实施了蒸发冷却技术,通过水的蒸发过程来降低室内温度,从而显著减少冷却系统的能耗。同时,谷歌还在数据中心广泛安装了太阳能电池板,以提供部分所需的电力。除此之外,谷歌还应用了先进的服务器节能技术和虚拟化技术,提升了服务器的运行效率,进一步降低了能源消耗。

2. 微软数据中心

微软数据中心也积极采用绿色技术,推动可持续发展。微软在数据中心的建设中,注重提升能源效率。例如,微软采用了液冷技术,对服务器进行高效冷却,降低了冷却系统的能源消耗。同时,微软还在数据中心采用了智能冷却技术,根据服务器的负载情况自动调整冷却系统的运行参数,实现精确制冷,降低能源消耗。此外,微软还积极推动可再生能源的利用,在数据中心安装了太阳能电池板和风力发电设备,为数据中心提供绿色电力。

3. 亚马逊数据中心

亚马逊数据中心在绿色技术的应用方面取得了显著成效。亚马逊采用了多种节能技术,降低了数据中心的能源消耗。例如,亚马逊采用了先进的服务器节能技术,通过优化服务器的设计和配置,降低服务器的能源消耗。同时,亚马逊还在数据中心采用了虚拟化技术，提高服务器的利用率，减少服务器的数量。此外，亚马逊还积极推动可再生能源的利用，在数据中心安装了太阳能电池板和储能系统，为数据中心提供绿色电力。

总之，绿色技术在云计算与大数据中的应用可以有效降低能源消耗，减少对环境的影响，实现可持续发展。随着技术的不断进步，未来绿色技术在云计算与大数据中的应用将更加广泛和深入。

10.2 可持续实践与案例研究

本节概要

本节围绕云计算与大数据的可持续实践与案例研究展开，提出了可持续策略，包括优化数据中心设计、提高能源效率、利用可再生能源等。通过实际案例，如谷歌等数据中心的节能改造、阿里云等云服务提供商的实践、国家电网等大数据应用及智慧城市项目的运营，展示了绿色云计算与大数据的成效，强调多方合作推动行业可持续发展，为实现绿色转型提供方向与借鉴。

10.2.1 云计算与大数据的可持续策略

随着云计算和大数据技术的迅猛发展，其对能源的消耗和环境的影响日益凸显。为了实现可持续发展，云计算和大数据领域需要采取一系列综合策略，以减少能源消耗、降低碳排放、提高资源利用率，并推动行业的绿色转型。

10.2.1.1 优化数据中心设计

1.选址与布局

（1）能源供应考量

数据中心的选址应充分考虑能源供应的稳定性和可持续性。优先选择靠近可再生能源发电设施的地点，如太阳能发电厂、风力发电场或水力发电站，以便获取清洁电力。此外，确保选址地区具备可靠的电网基础设施，能够满足数据中心高负荷的电力需求。

（2）气候条件利用

选择气候凉爽的地区建设数据中心，有助于降低冷却系统的能源消耗。例如，在高海拔地区或温带气候区域，自然环境的温度较低，可以减少对人工冷却的依赖。合理利用当地的气候条件，如通过自然通风、蒸发冷却等方式，可以有效降低数据中心的运营成本和环境影响。

（3）布局优化

在数据中心的内部布局设计中，要注重服务器、存储设备和网络设备的合理摆放。应优化气流组织，确保冷空气能够顺畅地流经设备，带走热量，提高冷却效率。采用热通道和冷通道隔离的布局方式，避免热空气回流，减少冷却系统的工作负荷。

2. 建筑设计

（1）节能材料应用

选用高效隔热材料构建数据中心的建筑结构，减少热量的传递和散失。使用节能型窗户和门框密封材料，提高建筑的保温性能。此外，采用智能照明系统，根据实际需求自动调节灯光亮度和开关时间，降低照明能源消耗。

（2）自然采光与通风设计

充分利用自然采光，减少对人工照明的依赖。通过合理设计窗户和采光井，使自然光能够最大限度地进入数据中心内部。同时，设计良好的通风系统，利用自然通风来降低室内温度，减少空调系统的使用时间。在合适的季节，开启通风设备，引入新鲜空气，排出热空气，提高室内空气质量，降低能源消耗。

（3）智能控制系统

安装智能控制系统，对数据中心的温度、湿度、气流等环境参数进行实时监测和调控。根据设备的运行状态和负载情况，自动调整冷却系统、通风系统和照明系统的工作模式，实现精细化管理，提高能源利用效率。

3. 设备选型

（1）高能效服务器与存储设备

选择具备高能效比的服务器与存储设备对于降低数据中心的能源消耗至关重

要。新一代的服务器与存储设备通常集成了先进的芯片技术、节能组件以及优化的设计，能够在保证强大性能输出的同时，大幅度减少能源的消耗。例如，优先选择那些搭载低功耗处理器、SSD以及高效电源管理系统的设备。

（2）网络设备能效提升

关注网络设备的能效，选择节能型的交换机、路由器和其他网络设备。采用先进的网络技术，如虚拟化网络、软件定义网络（Software-Defined Networking，SDN）等，优化网络架构，减少网络设备的数量和能源消耗。同时，合理规划网络拓扑结构，降低数据传输的延迟和能源消耗。

10.2.1.2 提高能源效率

1. 采用先进的冷却技术

（1）自然冷却技术

充分利用自然冷却资源是降低数据中心冷却能源消耗的关键策略。在气候条件适宜的季节和时段，可以采用自然冷却方法，例如利用通风系统引入室外冷空气，或使用冷却塔进行蒸发冷却。通过设置智能控制系统，根据室外温度和湿度自动调节冷却模式，可以最大程度地减少机械冷却设备的运行时间。

（2）液冷技术

液冷技术是一种高效的冷却方式，能够更有效地带走设备产生的热量。包括直接液冷和间接液冷两种方式：直接液冷将冷却液直接接触服务器的发热部件，快速散热；间接液冷通过热交换器将热量传递给冷却液。液冷技术可以降低冷却系统的能源消耗，提高冷却效率，同时减少对空调系统的依赖。

（3）冷却系统优化

对冷却系统进行优化设计，包括合理选择冷却设备的容量和数量、优化管道布局、提高冷却液的循环效率等。采用智能冷却控制系统，根据设备的实际散热需求动态调整冷却系统的运行参数，实现精确制冷，避免能源浪费。

2. 优化能源管理

（1）实时监测与分析

通过部署能源监测设备，实现对数据中心能源消耗的实时监控和数据收集。

利用大数据分析技术，深入挖掘能源数据，洞察能源使用的模式与趋势，识别出潜在的节能潜力和优化机会。

（2）动态资源调配

根据业务需求和负载变化，动态调整服务器的运行状态和资源分配。采用虚拟化技术、容器技术等，实现资源的弹性调配，避免服务器低负载运行，提高资源利用率，从而降低能源消耗。

（3）能源管理策略制定

制定科学合理的能源管理策略，包括设定能源消耗目标、制定节能方案和操作规程、建立能源管理体系等。加强对员工的能源管理培训，增强员工的节能意识和操作技能，确保能源管理策略的有效实施。

3. 能源回收与再利用

（1）废热回收

数据中心产生的大量废热可以通过热回收系统进行有效回收再利用。例如，将废热用于供暖、热水供应或其他需要热能的工业过程。利用热回收技术，可以提高能源的综合利用效率，显著减少能源浪费。

（2）可再生能源存储与利用

结合可再生能源的发电特点，如太阳能和风能的间歇性，配备适当的储能设备，如电池储能系统。在可再生能源发电充足时，将多余的电能存储起来，在需要时释放使用，以平衡能源供应，提高可再生能源的利用率。

10.2.1.3 利用可再生能源

1. 太阳能

（1）太阳能光伏发电

在数据中心的屋顶、空地乃至周边广阔区域，安装高效的太阳能电池板，将丰富的太阳能转化为电能。借助先进的并网技术，巧妙地将太阳能发电系统与数据中心的电力系统连接，为数据中心提供部分或全部的电力供应。在此过程中，不断提高太阳能电池板的转换效率，力求在降低成本的同时，增加太阳能在数据中心能源供应中的比例。

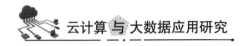

（2）太阳能热利用

除了光伏发电，还可以利用太阳能热技术，如太阳能热水器、太阳能空调等，为数据中心提供热水和部分冷却需求。太阳能热利用技术可以与其他冷却系统相结合，进一步降低能源消耗。

2. 风能

（1）风力发电

在风力资源丰富的地区建设风力发电场，为数据中心提供绿色电力。选择合适的风力发电机类型和规格，根据当地的风况进行优化布局，提高风力发电的效率。加强与电网的连接和协调，确保风力发电的稳定输出和有效利用。

（2）风能与其他能源的互补

考虑将风能与太阳能、水能等其他可再生能源相结合，形成互补的能源供应系统。在不同的季节和天气条件下，各种能源可以相互补充，提高能源供应的稳定性和可靠性。

3. 水能

（1）水电站供电

利用附近的水电站为数据中心提供电力，充分发挥水能发电的诸多优势，例如稳定的电力输出和低排放特性。与水电站建立良好且稳固的合作关系，确保电力供应的可靠性和优质性。

（2）水力冷却

在一些水资源丰富的地区，可以考虑采用水力冷却技术，利用水流来冷却服务器等设备。这种方式不仅可以降低冷却系统的能源消耗，还可以减少对环境的污染。

4. 其他可再生能源

（1）生物能

探索利用生物能的可能性，如生物质发电、生物燃料等。生物质发电可以利用废弃的农作物、木材等生物质资源进行发电，为数据中心提供部分电力。生物燃料可以用于数据中心的备用发电机，减少了对传统化石燃料的依赖。

（2）地热能

在有条件的地区，开发地热能资源，利用地下热水或蒸汽为数据中心提供供暖和冷却。地热能是一种清洁、可持续的能源，具有较高的能源利用效率。

10.2.1.4　数据管理与优化

1. 数据压缩与存储优化

（1）数据压缩技术

采用先进的数据压缩算法，对数据进行压缩存储，减少数据的存储空间和传输带宽需求。数据压缩可以在数据存储和传输过程中降低能源消耗，同时提高数据处理的效率。

（2）存储分层与归档

实施存储分层策略，将不同活跃度的数据分配至不同性能和成本效益的存储介质。例如，频繁访问的数据可存储于高速 SSD 中，而较少访问的数据则可归档至低速但大容量的存储设备。通过这种方式，可以有效优化存储资源的使用效率，并降低存储系统的能耗。

（3）数据去重

通过数据去重技术，去除数据中的重复部分，减少数据的存储量。数据去重可以在数据备份、存储和传输过程中发挥作用，降低能源消耗和存储成本。

2. 数据清理与去重

（1）定期进行数据清理

制定数据清理策略，定期清理不再需要的数据，以释放存储空间。删除过时的、冗余的和无效的数据，避免数据的积累和浪费。同时，建立数据生命周期管理机制，确保数据在其生命周期内得到合理的利用和处置。

（2）数据去重与整合

在数据处理流程中，我们尤为注重数据的去重与整合。为了避免数据的重复存储和传输，借助先进的数据去重算法，系统能够精准地识别并清除冗余的数据，从而从根源上提升数据的质量与一致性。与此同时，对相关数据进行有效整合，此举不仅显著减少了数据的碎片化现象，还极大地增强了数据的管理效率，为数

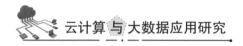

据的后续应用奠定了坚实的基础。

3. 智能数据分析

（1）实时监测与分析

利用智能数据分析工具，对数据中心的能源消耗、设备运行状态、数据流量等进行实时监测和分析。通过实时数据采集和分析，及时识别出异常情况和潜在问题，并采取相应的措施进行优化和调整。

（2）预测与优化

基于历史数据和实时数据，通过机器学习和数据分析算法，预测数据中心的能源需求和负载变化。根据预测结果，提前调整资源配置和运行策略，以实现能源的高效利用和成本的降低。

（3）决策支持

通过智能数据分析，为数据中心的管理和决策提供支持。例如，根据数据分析结果，制定合理的节能措施、设备升级计划和资源调配方案，提高数据中心的运营效率和可持续性。

10.2.1.5 绿色云计算与大数据服务

1. 提供绿色云计算服务

（1）虚拟化与资源共享

云计算服务提供商应充分利用虚拟化技术，实现服务器、存储和网络资源的虚拟化和共享。通过资源共享，可以提高资源的利用率，减少服务器的数量和能源消耗。同时，提供灵活的资源配置选项，根据用户的需求动态分配资源，避免资源的闲置和浪费。

（2）能效优化

优化云计算平台的能效，包括服务器的能效管理、数据中心的冷却系统优化和能源管理等。通过采用先进的技术和算法，提高云计算服务的能源效率，并降低碳排放。

（3）绿色认证与标识

获取诸如能源之星认证、绿色数据中心认证等绿色认证与标识，向用户展示云计算服务的绿色属性和可持续性。这不仅有助于增强用户对绿色云计算服务的认知和信任，而且还能推动绿色云计算的进一步发展。

2. 推广大数据绿色应用

（1）数据驱动的节能策略

鼓励用户在大数据应用中采用数据驱动的节能策略。通过分析大数据，洞察用户的行为和需求，以优化能源管理和资源配置。例如，在智能建筑中，运用大数据分析来优化空调系统的运行，从而实现节能降耗的目标。

（2）绿色大数据解决方案

开发和推广绿色大数据解决方案，如数据压缩、存储优化、智能分析等技术，以帮助用户降低大数据处理过程中的能源消耗。同时，提供相关的咨询和培训服务，支持用户更好地应用绿色大数据技术。

（3）行业合作与倡导

与行业合作伙伴共同倡导绿色大数据的应用，推动行业标准的制定和推广。通过合作交流，分享最佳实践经验，促进整个行业向绿色、可持续的方向发展。

10.2.1.6 合作与共享

1. 行业合作

（1）制定行业标准

云计算和大数据相关企业应积极参与行业标准的制定，共同推动可持续发展标准和规范的建立。这些标准可以包括数据中心的能效标准、可再生能源的使用标准、碳排放计算方法等，为行业的绿色发展提供指导和依据。

（2）分享最佳实践经验

通过行业协会、研讨会等平台，积极分享并推广企业在可持续发展方面的最佳实践经验。这些宝贵的经验包括数据中心的节能设计、可再生能源的应用、能源管理的创新方法等。希望通过这些分享，促进企业之间的相互学习和借鉴，共同提高行业的可持续发展水平。

（3）开展技术研发合作

联合开展技术研发合作，共同攻克可持续发展中的技术难题。例如，合作研

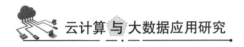

发高效的冷却技术、可再生能源的存储和应用技术、数据中心的智能化管理系统等，推动技术创新，为行业的可持续发展提供技术支持。

2. 与供应商合作

（1）设备供应商合作

与服务器、存储设备、网络设备等供应商携手合作，共同推动绿色设备的研发和生产。要求供应商提供符合能效标准的设备，并积极鼓励他们使用环保材料和生产工艺，以降低设备的碳排放量。

（2）能源供应商合作

与能源供应商合作，获取更多的可再生能源。通过签订长期可再生能源采购协议，支持能源供应商扩大可再生能源的生产规模。此外，还与能源供应商合作开发能源管理系统，优化能源的采购和使用策略。

（3）与其他供应商合作

与其他相关供应商合作，如建筑材料供应商、冷却系统供应商等，共同推动绿色供应链的建设。选择环保、可持续的供应商，确保整个供应链的绿色化。

3. 与用户合作

（1）宣传与教育

向用户宣传绿色云计算和大数据的理念和优势，增强用户的环保意识。通过培训、研讨会、案例分享等方式，教育用户如何在使用云计算和大数据服务时采取节能措施，降低能源消耗。

（2）共同制定目标

与用户共同制定可持续发展的目标和计划，明确双方在节能减排方面的责任和义务。根据用户的需求和业务特点，提供个性化的绿色解决方案，帮助用户实现可持续发展目标。

（3）反馈与改进

建立用户反馈机制，以便及时掌握用户对绿色云计算和大数据服务的态度和建议。根据用户的反馈，持续提升服务质量，优化解决方案，从而增强用户的满意度和忠诚度。

总之，实现云计算与大数据的可持续发展，需要从多个方面着手，包括优化数据中心设计、提高能源效率、利用可再生能源、数据管理与优化、绿色云计算与大数据服务以及合作与共享等。通过采取这些策略，并不断创新和改进，云计算和大数据行业可以实现可持续发展，为社会和环境做出积极贡献。同时，政府、企业和用户应形成合力，共同推动云计算和大数据行业向更加绿色、可持续的方向发展。

10.2.2 绿色云计算与大数据的实践案例

随着绿色云计算与大数据理念的不断深入，许多企业和组织在实际应用中取得了显著的成果。以下是一些真实的实践案例，展示了绿色云计算与大数据在不同领域的应用和成效。

10.2.2.1 数据中心节能改造案例

1. 谷歌数据中心

谷歌在其数据中心采用了多种节能措施，包括改进冷却系统、优化服务器设计和利用可再生能源。例如，他们某些数据中心使用自然冷却技术，通过利用外部空气的温度来降低冷却系统的能源消耗。此外，谷歌还通过机器学习算法来优化服务器的负载分配，提高服务器的利用率，从而减少能源消耗。这些措施使得谷歌的数据中心的能源使用效率（Power Usage Effectiveness，PUE）显著降低，达到了行业领先水平。

2. Facebook 数据中心

Facebook 的数据中心同样实施了一系列节能举措。他们采用高效的服务器设计，并通过优化数据中心的布局和气流管理，提高了冷却效率。此外，Facebook还积极投资可再生能源项目，为其数据中心提供部分绿色电力。例如，他们在一些地区建设了太阳能发电场，将太阳能转化为电能，供应给数据中心使用。这些举措使得 Facebook 的数据中心在能源效率方面取得了显著的提升。

10.2.2.2 云计算服务提供商的绿色实践案例

1. 阿里云

阿里云致力于推动绿色云计算的发展。他们通过采用尖端技术和管理策略，提升了数据中心的能源效率。例如，阿里云在数据中心中部署了智能冷却系统，根据服务器的负载和环境温度自动调节冷却设备的运行状态，实现精确制冷，从而降低了冷却系统的能源消耗。此外，阿里云还积极倡导云计算的弹性使用模式，帮助用户根据实际需求合理分配资源，避免资源浪费。同时，阿里云也在不断加大对可再生能源的使用力度，通过与能源供应商合作，逐步增加绿色电力在数据中心能源组合中的比例。

2. 腾讯云

腾讯云也在绿色云计算方面展现了积极的态度。他们通过优化数据中心的架构和运营管理流程，提高了服务器的利用率和能源效率。例如，腾讯云采用虚拟化技术，将多个物理服务器整合为单一的逻辑服务器，从而减少了服务器的数量，降低了能源消耗。同时，腾讯云还积极探索可再生能源的应用，在一些数据中心中尝试使用太阳能、风能等可再生能源，为数据中心提供部分电力供应。此外，腾讯云还通过为企业客户提供绿色云计算解决方案，帮助企业客户实现节能减排的目标，推动整个行业的可持续发展。

10.2.2.3 大数据分析在节能减排中的应用案例

1. 国家电网

国家电网借助大数据分析技术，深入挖掘电力生产和配送过程中的数据，旨在实现节能减排的目标。通过收集并分析电网内的电力负荷数据、设备运行数据以及用户用电数据等，他们能够精确掌握电力消耗的状况和分布，进而优化电力生产和配送策略，减少不必要的能源浪费。例如，通过分析用户的用电模式，他们实现了智能电力调度，有效避免了电力的过度生产和不必要的配送，从而降低了碳排放。同时，国家电网还利用大数据分析技术预测设备维护需求，提前进行维护作业，以防止设备故障引发的能源浪费。

2. 某大型钢铁企业

某大型钢铁企业通过大数据分析，对生产过程中的能源使用进行了优化。他们收集了包括生产设备的运行数据、生产工艺参数和能源消耗数据等在内的大量信息，通过数据分析发现了一些能源浪费的环节和潜在的改进领域。例如，他们通过优化生产流程，成功减少了设备的空转时间，从而降低了能源消耗。同时，企业还利用大数据分析预测未来的能源需求，提前做好能源储备，防止能源供应不足的情况发生。此外，该企业还通过大数据分析对设备进行实时监控和故障预警，及时发现和解决设备故障，避免了因设备故障导致的能源浪费和生产中断。

10.2.2.4　绿色云计算与大数据在智慧城市中的应用案例

1. 新加坡智慧城市项目

新加坡在推进智慧城市建设的过程中，广泛应用了绿色云计算和大数据技术。例如，在交通管理方面，通过大数据分析实时监测交通流量，智能控制交通信号灯，有效缓解了交通拥堵，降低了车辆的能源消耗和尾气排放。在能源管理方面，利用云计算技术实现了对城市能源消耗的实时监测和分析，从而优化了能源分配，提高了能源利用效率。同时，通过大数据分析预测能源需求，实现了能源的合理储备和调配，有效减少了能源浪费。此外，新加坡还运用大数据分析优化水资源管理，实现了水资源的合理分配和节约使用。

2. 巴塞罗那智慧城市项目

巴塞罗那在智慧城市建设中也充分利用了绿色云计算和大数据技术。通过安装传感器和智能设备，该市收集了包括交通流量、空气质量、能源消耗在内的各种城市数据。随后，利用大数据进行分析，实现了对城市的智能化管理。例如，在交通管理方面，通过大数据分析实现了智能停车管理，提高了停车位的利用率，减少了车辆在道路上的巡游时间，降低了能源消耗。在能源管理方面，通过大数据分析实现了对建筑物能源消耗的实时监测和控制，优化了能源使用策略，降低了能源消耗。同时，巴塞罗那还利用大数据分析来改善城市的公共服务，提高了市民的生活质量。

总之，这些真实案例表明，绿色云计算与大数据技术在提高能源效率、降低碳排放、实现可持续发展方面具有巨大的潜力。通过持续创新和应用这些技术，我们可以为保护地球环境、实现可持续发展作出更大的贡献。

第 11 章 云计算与大数据的标准化与认证

本章聚焦于云计算与大数据的标准化与认证。11.1 节阐述了标准化的意义，包括促进互操作性、保障安全隐私、提高市场效率等方面，并对行业标准的演进及未来趋势进行了介绍。11.2 节首先概述了认证体系，涵盖数据中心、云服务提供商等的认证；接着阐述了认证评估方法论与实施步骤，包括基于标准的评估、风险评估等；最后分析了认证评估面临的挑战及应对策略。标准化与认证对云计算和大数据的发展至关重要，可提高其可靠性、安全性与合规性，推动整个产业健康、持续发展。

11.1 标准化的重要性与进展

本节概要

本节阐述了云计算与大数据标准化的意义，包括促进技术互操作性和兼容性、保障数据安全和隐私性、提高市场竞争力和效率、推动产业发展和创新以及便于政府监管和管理。详细介绍了行业标准的演进历程，从起步阶段到逐渐形成阶段再到快速发展阶段，分析了当前行业标准的主要内容，涵盖云计算和大数据的各个方面，并展望了行业标准的未来趋势，如更加注重用户需求、强调跨领域融合、加强国际合作、关注新兴技术和强化标准可操作性。

11.1.1 云计算与大数据标准化的意义

在当今数字化时代，云计算和大数据技术的迅猛发展正在深刻地改变各个行业的运作方式和人们的生活方式。然而，随着这些技术的广泛应用，标准化的重要性也日益凸显。云计算与大数据标准化的意义主要体现在以下方面。

11.1.1.1 促进技术的互操作性和兼容性

1. 消除技术壁垒

云计算和大数据领域涉及众多复杂的技术和产品，不同的供应商和用户往往会根据自身需求和偏好选择不同的技术标准和规范。这种多样性在一定程度上推动了技术的创新和发展，但同时也带来了诸多问题。如果没有统一的标准，不同的系统和设备之间就难以实现有效的通信和协作，从而形成信息孤岛，严重阻碍数据的共享和流通。标准化的过程就是要制定一套通用的规则和规范，确保各种技术和产品能够在一个共同的框架下运行，从而消除技术壁垒，促进不同系统之间的互操作性和兼容性。

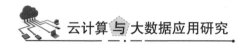

2. 实现无缝集成

通过标准化，可以明确规定云计算和大数据技术的基本架构、接口规范、数据格式等关键要素。这使得不同的系统和设备能够以相同的标准进行开发和部署，从而实现无缝集成。例如，在云计算环境中，标准化的接口规范可以确保不同的云服务提供商之间实现互操作性，用户可以根据自己的需求在不同的云平台之间自由迁移数据和应用程序。在大数据处理中，统一的数据格式可以确保不同的数据源能够被顺利整合和分析，为企业提供全面、准确的决策支持。

3. 提高资源利用率

标准化还有助于提高资源的利用率。当不同的系统和设备能够相互兼容时，企业可以更加灵活地调配和管理资源，避免因技术不兼容而导致资源闲置和浪费。例如，采用标准化的虚拟化技术，企业可以在不同的物理服务器上运行多个虚拟机，充分利用硬件资源，提高服务器的利用率。同时，标准化还可以促进资源的共享和复用，降低企业的运营成本。

11.1.1.2 保障数据的安全性和隐私性

1. 建立安全基线

数据是云计算和大数据技术的核心资产，其安全性和隐私保护至关重要。标准化可以为数据的存储、传输和处理等环节制定明确的安全规范和隐私保护机制，建立起坚实的安全基线。例如，通过制定数据加密标准，可以规定数据在存储和传输过程中必须采用的加密算法和密钥管理方式，保障数据的机密性和完整性。同时，标准化还可以规定访问控制、身份认证、数据备份等方面的要求，为数据的安全提供全方位的保障。

2. 规范数据处理流程

标准化可以规范数据处理的流程，确保数据在整个生命周期内都得到妥善保护。例如，在数据采集阶段，标准化可以规定数据的来源、采集方式和范围，从而确保数据的合法性和合规性。在数据存储阶段，标准化可以规定数据的存储介质、存储方式和备份策略，确保数据的可靠性和可恢复性。在数据处理阶段，标准化可以规定数据的处理方式、算法和工具，确保数据的准确性和公正性。在数据共享阶段，标准化可以规定数据的共享方式、范围界定和授权机制，以确保数据的安全性和隐私性。

3. 增强用户信任

在数字化时代，用户越来越关注自身的数据安全和隐私保护。只有当他们确信数据得到了妥善保护时，才会愿意使用云计算和大数据服务。通过标准化的安全和隐私保护措施，可以增强用户对云计算和大数据技术的信任。标准化为用户提供了一个可信赖的框架，使他们可以放心地将数据存储在云端或进行大数据分析，从而促进云计算和大数据技术的广泛应用。

11.1.1.3　提高市场竞争力和效率

1. 促进公平竞争

标准化可以促进市场的公平竞争，避免因技术标准不统一而导致市场分割和垄断。当所有企业都遵循相同的标准时，它们能够在一个公平的环境中竞争，凭借自身的技术实力和服务质量赢得市场份额。这有助于激发企业创新活力，推动行业发展。

2. 降低交易成本

标准化还可以降低企业的交易成本。采用统一标准的企业能够减少与合作伙伴之间的沟通和协调成本，从而提高合作效率。此外，标准化可以降低产品的研发和生产成本，因为企业可以利用标准化组件和模块，减少重复开发的劳动。标准化还可以提高产品的通用性和可扩展性，使企业能够迅速响应市场需求，提高市场竞争力。

3. 提高产品质量

标准化可以促进企业提高产品质量。通过制定严格的标准，企业必须持续改进技术和管理水平，以满足这些标准的要求。这促使企业加强质量管理，提高产品的稳定性和可靠性。同时，标准化还可以促进企业之间的技术交流和合作，共同提高产品的质量与性能。

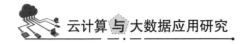

11.1.1.4 推动产业发展和创新

1. 引导产业发展方向

云计算和大数据是新兴产业，标准化可以为产业的发展提供指导和规范，引导产业朝着健康、有序的方向发展。通过制定相关标准，政府和行业协会可以引导企业加大对技术研发的投入，推动技术的创新和进步。同时，标准化还可以促进产业链的协同发展，进而提升整个产业的效率和市场竞争力。

2. 促进技术创新

标准化的目的并非限制技术创新，而是为技术创新提供一个稳定的基础和框架。在标准化的基础上，企业可以更加专注于技术的创新和应用，开发出更具竞争力的产品和服务。例如，在云计算领域，标准化的接口规范可以为企业搭建一个创新的平台，使它们能够开发出更多的云应用和服务，以满足用户多样化的需求。在大数据处理方面，统一的数据格式可以促进数据的共享和分析，为企业提供更多的创新机会。

3. 培育新兴产业

标准化还有助于培育新兴产业。随着云计算和大数据技术的发展，众多新的产业形态和商业模式不断涌现，例如云服务提供商、大数据分析公司、人工智能企业等。标准化可以为这些新兴产业提供规范和指导，从而促进它们的健康发展。同时，标准化还可以推动传统产业的转型升级，通过云计算和大数据技术来提高生产效率和产品质量，实现产业的可持续发展。

11.1.1.5 便于政府监管和管理

1. 提供监管依据

政府在推动云计算和大数据发展的过程中，需要对相关技术和产品进行监督和管理。标准化可以为政府提供监督和管理的依据，确保云计算和大数据技术的安全、可靠和合规应用。例如，政府可以依据相关标准，规范云计算和大数据服务提供商的行为，保障用户的合法权益。同时，政府还可以通过监督检查标准的执行情况，及时发现和解决问题，维护市场秩序。

2. 促进政策制定

标准化还可以为政府制定相关政策提供参考。政府可以根据标准化的发展趋势和需求，制定相应的产业政策、科技政策和人才政策，引导和支持云计算和大数据产业的发展。例如，政府可以通过制定优惠政策，鼓励企业加大对云计算和大数据技术的研发投入，培养相关人才。同时，政府还可以通过制定法规和标准，加强对数据安全和隐私保护的监管，保障国家的信息安全。

3. 提高管理效率

标准化可以提高政府的管理效率。当政府采用统一标准进行监督和管理时，可以减少管理的复杂性和不确定性，提高管理的精准性和有效性。同时，标准化还可以促进政府与企业之间的沟通和协作，形成良好的互动关系，共同推动云计算和大数据产业的发展。

总之，云计算与大数据标准化的意义重大。它不仅可以促进技术的互操作性和兼容性，保障数据的安全性和隐私性，提高市场的竞争力和效率，推动产业的发展和创新，还便于政府的监督和管理。因此，我们应该高度重视云计算和大数据的标准化工作，加强标准的制定和推广应用，为云计算和大数据技术的发展提供有力的支持。

11.1.2 行业标准的演进与未来趋势

随着云计算和大数据技术的不断发展，行业标准也在不断演进，以适应新的技术需求和市场变化。行业标准的演进历程可以分为起步阶段、逐渐形成阶段和快速发展阶段。

11.1.2.1 行业标准的演进历程

1. 起步阶段

在云计算和大数据技术发展的早期，行业标准相对较少，各个企业和组织主要根据自身的需求和技术能力来开发和应用相关技术。这导致不同系统和平台之间缺乏兼容性和互操作性，限制了技术的广泛应用。

在这个阶段，云计算和大数据技术仍处于探索和试验阶段，许多企业和组织对这些新技术的理解和应用还比较有限。由于缺乏统一的标准，不同的云服务提供商和大数据解决方案提供商各自为政，采用不同的技术架构、数据格式和接口标准，使得用户在选择和使用这些技术时面临诸多困难。

例如，一些企业在采用云计算服务时，发现不同云服务提供商提供的服务质量、功能和价格存在较大差异，且不同云平台之间难以实现数据的迁移和共享。同样，在大数据处理方面，不同企业和组织使用的数据分析工具和算法也各不相同，导致数据处理结果难以进行比较和整合。

这种缺乏标准的情况不仅增加了企业和用户的成本和风险，也阻碍了云计算和大数据技术的普及和发展。

2. 逐渐形成阶段

随着技术的逐渐成熟和应用的不断扩大，行业开始意识到标准化的重要性。一些国际组织和标准化机构开始制定相关标准，如国际标准化组织（International Organization for Standardization，ISO）、国际电工委员会（International Electrotechnical Commission，IEC）和国际电信联盟（International Telecommunication Union，ITU）等。所制定的标准主要涵盖了云计算和大数据的基本概念、架构、安全、隐私等方面，为行业的发展提供了指导。

在这一阶段，国际组织和标准化机构积极参与云计算和大数据标准的制定工作。他们通过调研和分析市场需求、技术发展趋势以及现有标准的情况，制定了一系列标准和规范。

例如，ISO 制定了 ISO/IEC 17788:2014《信息技术 云计算 概述和词汇》标准，该标准定义了云计算的基本概念和术语，为云计算的发展提供了统一的语言和概念框架。IEC 制定了 IEC 62443 系列标准，该标准涵盖了工业自动化和控制系统的信息安全要求，包括云计算环境下的安全防护措施。ITU 制定了 ITU-T Y.3500 系列标准，该标准规定了云计算的功能架构、服务要求和安全管理等方面的内容。

此外，一些行业联盟和协会也开始制定自己的标准和规范。例如，云安全联盟（Cloud Security Alliance，CSA）制定了一系列云安全标准和指南，为企业在云计算环境下的安全防护提供了参考。

这些标准的制定为云计算和大数据技术的发展提供了一定的规范和指导，促

进了不同系统和平台之间的兼容性和互操作性。企业和用户在选择和使用云计算和大数据技术时，可以参考这些标准来评估和选择合适的产品和服务，从而降低技术应用的风险和成本。

3. 快速发展阶段

近年来，云计算和大数据技术得到了迅猛发展，行业标准也进入了快速发展阶段。各种标准组织和联盟纷纷推出一系列标准和规范，以满足市场需求。同时，企业和用户对标准的重视程度也越来越高，积极参与标准的制定和推广应用。

在这一阶段，云计算和大数据技术已经成为企业数字化转型的重要支撑，市场需求不断增长。为了满足市场需求，各种标准组织和联盟加快了标准的制定和更新速度，推出了更加细化和专业化的标准和规范。

例如，ISO 陆续制定了 ISO/IEC 17789:2014《信息技术 云计算 参考架构》和 ISO/IEC 19086–1:2016《信息技术云计算服务级别协议（Service Level Agreement，SLA）框架 第 1 部分：一般原则和要求》等标准，进一步完善了云计算标准体系。IEC 制定了 IEC 62351 系列标准，该标准规定了电力系统通信网络和系统的安全要求，包括云计算在电力系统中的应用安全。ITU 制定了 ITU–T Y.3510 系列标准，该标准规定了云计算的服务质量要求和评估方法。

同时，一些新兴的标准组织和联盟也开始涌现。例如，开放数据中心联盟（Open Data Center Alliance，ODCA）制定了一系列云计算和大数据的标准，旨在推动这些技术的开放性和互操作性。云计算开源项目（OpenStack）也制定了自己的标准和规范，促进了云计算技术的开源和创新。

此外，企业和用户也积极参与标准的制定和推广应用。他们通过反馈市场需求、提供实践经验和参与标准制定工作，推动了标准的不断完善和发展。

11.1.2.2　当前行业标准的主要内容

1. 云计算标准

（1）云计算服务质量标准

云计算服务质量标准包括服务可用性、可靠性、性能等方面的指标和要求，以确保云服务提供商能够提供高质量的服务。服务可用性是指云服务在规定时间内正常运行的能力，通常用百分比来表示。可靠性是指云服务在运行过程中不出现故障的能力，包括硬件故障、软件故障和网络故障等。性能是指云服务的响应时间、吞吐量和资源利用率等方面的表现。

例如，ISO/IEC 19086-1:2016《信息技术云计算服务级别协议（SLA）框架第 1 部分：一般原则和要求》标准规定了云计算服务级别协议的一般原则和要求，包括服务可用性、可靠性、性能和安全性等方面的指标和测量方法。该标准还规定了服务提供商和用户之间的责任和义务，以及服务级别协议的变更和终止程序。

（2）云计算安全标准

云计算安全标准涵盖了数据安全、网络安全、身份认证和访问控制等方面的要求，旨在保障云计算环境下的数据安全和隐私。数据安全是指保护数据的机密性、完整性和可用性，以防止数据被窃取、篡改和破坏。网络安全指的是保护云计算网络的安全，防止网络攻击和入侵。身份认证是指验证用户的身份，确保只有合法用户能够访问云服务。访问控制是指限制用户对云资源的访问权限，以防止未经授权的访问。

例如，ISO/IEC 27017:2015《信息技术 安全技术 基于 ISO/IEC 27002 的云计算服务信息安全控制指南》标准规定了云计算服务提供商和用户在数据安全、网络安全、身份认证、访问控制等方面的安全控制措施。该标准还提供了云计算环境下的安全风险评估和管理方法，帮助企业和用户识别和应对安全威胁。

（3）云计算互操作性标准

云计算互操作性标准规定了不同云服务提供商之间的接口和协议，以实现不同云平台之间的互操作和数据迁移。互操作性是指不同的系统和平台之间能够相互通信和协作的能力。在云计算环境下，互操作性对于用户来说非常重要，因为用户可能需要在不同的云平台之间迁移数据和应用程序。

例如，ISO/IEC 19944:2017《信息技术 云计算 云服务和设备：数据流、数据类别和数据使用》标准规定了云计算互操作性和可移植性的框架和要求，包括接口、数据格式、协议等方面的规范。该标准还提供了云计算互操作性和可移植性的测试方法和工具，帮助企业和用户验证不同云平台之间的互操作性和可移植性。

（4）云计算资源管理标准

云计算资源管理标准涉及云计算资源的分配、调度、监控等方面的规范，以

提高资源利用效率。云计算资源包括计算资源、存储资源、网络资源等。资源管理是指对这些资源进行合理的分配、调度和监控，以满足用户的需求。

例如，ISO/IEC 19086-2:2017《信息技术 云计算 服务级别协议（SLA）框架 第 2 部分：度量方法》标准规定了云计算资源管理的度量方法，包括资源分配、调度、监控等方面的指标和测量方法。该标准还提供了云计算资源管理的最佳实践和建议，帮助企业和用户提高资源利用效率。

2. 大数据标准

（1）大数据术语和定义标准

大数据术语和定义标准统一了大数据相关的术语和概念，避免了混淆和误解。在大数据领域，存在许多术语和概念，如数据挖掘、机器学习、深度学习、数据仓库、数据湖等。这些术语和概念的含义和应用场景可能会因不同的人或组织而有所不同，因此需要制定统一的标准来规范它们的定义和使用。

例如，ISO/IEC 20547-1:2018《信息技术 大数据 概述和词汇 第 1 部分：概述》标准定义了大数据的基本概念和术语，包括大数据的特征、数据类型、数据分析方法等。该标准还提供了大数据的分类和框架，帮助人们更好地理解和应用大数据技术。

（2）大数据数据格式标准

大数据数据格式标准规定了大数据的存储和交换格式，确保数据的一致性和可读性。大数据的数据格式非常多样化，包括文本、图像、音频、视频等。不同的数据格式在存储和处理上存在差异，因此需要制定统一的标准来规范数据的存储和交换格式。

例如，Apache Parquet 是一种流行的大数据存储格式，它采用列式存储方式，能够有效地压缩数据，提高数据的存储和查询效率。Hadoop 生态系统中的 Hive 和 Spark 等工具都支持 Parquet 格式。

（3）大数据处理技术标准

大数据处理技术标准包括数据采集、存储、分析、挖掘等方面的技术要求和规范，以提高大数据处理的效率和质量。大数据处理技术涉及许多方面，如数据采集工具、数据存储系统、数据分析算法、数据挖掘模型等。这些技术的选择和

应用会直接影响大数据处理的效率和质量，因此需要制定统一的标准来规范它们的技术要求和使用方法。

例如，Apache Hadoop 是一个广泛使用的大数据处理框架，它包括 HDFS（分布式文件系统）和 MapReduce（分布式计算框架）等组件。Hadoop 提供了一套完整的大数据处理解决方案，包括数据采集、存储、分析和挖掘等功能。

（4）大数据应用标准

大数据应用标准应针对不同的应用场景制定，以促进大数据的广泛应用。大数据的应用场景非常广泛，如金融、医疗、交通、能源等。由于不同的应用场景对大数据的需求和应用方式各不相同，因此需要制定相应的标准，以规范大数据在不同应用场景中的应用。

例如，在金融领域，大数据可以用于风险评估、信用评级、市场预测等方面。为了规范大数据在金融领域的应用，需要制定相关的标准，如数据质量标准、数据分析标准、数据安全标准等。

11.1.2.3 行业标准的未来趋势

1. 注重用户需求

未来的行业标准将更加注重用户的需求和体验，并以用户为中心来制定标准。例如，在云计算服务质量标准中，将更加关注用户对服务性能、可靠性和安全性的实际感受，而不仅仅是技术指标。用户需求是行业标准发展的重要驱动力，只有满足用户的需求，行业标准才能真正发挥作用。

在未来，标准制定组织将更加深入地了解用户的需求和期望，通过用户调研、反馈和参与等方式，将用户的需求融入标准的制定过程中。例如，在制定云计算服务质量标准时，标准制定组织可能会邀请用户代表参与标准的讨论和制定，听取他们对服务性能、可靠性和安全性的实际需求和期望。同时，标准制定组织还可能会开展用户满意度调查，了解用户对现有标准的满意度和改进建议，以便及时调整和完善标准。

此外，未来的行业标准还将更加注重用户体验的提升。例如，在大数据应用标准中，将更加关注数据的可视化、易用性和交互性，以便用户能够更加方便地获取和理解数据。同时，标准制定组织还可能会制定相关标准，规范大数据应用的界面设计、操作流程和用户培训等方面，提高用户的使用体验。

2. 加强跨领域融合

随着云计算、大数据、人工智能和物联网等技术的不断融合，行业标准将更加注重跨领域的整合。例如，在制定大数据标准时，考虑与云计算和人工智能等技术的结合，以实现更高效的数据处理与分析。跨领域融合是未来技术发展的重要趋势，行业标准需要适应这一趋势，促进不同技术领域的协同发展。

在未来，标准制定组织将加强与不同技术领域的标准组织和企业的合作，共同制定跨领域的标准和规范。例如，在制定云计算和大数据标准时，标准制定组织可能会与人工智能标准组织合作，制定相关的标准，规范云计算和大数据与人工智能的融合应用。同时，标准制定组织还可能与物联网标准组织合作，制定相关标准，规范云计算、大数据和物联网在智能城市、智能交通等领域的应用。

此外，未来的行业标准将更加注重技术的集成和创新。例如，在制定大数据标准时，将考虑采用新的技术和方法，如区块链和量子计算，以提高数据的安全性和处理效率。同时，标准制定组织可能会鼓励企业和科研机构开展跨领域的技术创新与应用实践，推动行业标准的不断完善和发展。

3. 加强国际合作

云计算和大数据技术是全球性的，因此行业标准需要加强国际合作。未来，国际标准组织将更加紧密地合作，共同制定和推广全球统一的标准，以促进技术的国际交流和应用。国际合作是推动行业标准发展的重要力量，只有通过国际合作，才能制定出具有广泛适用性和权威性的行业标准。

未来，国际标准组织将加强信息共享和交流，及时了解不同国家和地区的技术发展和标准制定情况，共同探讨和解决行业标准发展中的问题。例如，ISO、IEC、ITU 等国际标准组织将加强合作，共同制定云计算和大数据领域的国际标准，确保标准的一致性和兼容性。同时，国际标准组织还将加强与各国国家标准机构的合作，推动国际标准在各国的应用和推广。

此外，未来的行业标准将更加注重国际市场的需求和趋势。例如，在制定云计算和大数据标准时，标准制定组织将考虑不同国家和地区的法律法规、文化背景和市场需求，制定出具有国际通用性和适应性的标准。同时，标准制定组织还

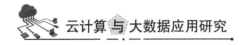

将加强与国际企业和组织的合作，了解他们对行业标准的需求和建议，推动行业标准的不断完善和发展。

4.关注新兴技术

随着新技术的不断涌现，行业标准的更新显得尤为迫切。以区块链、量子计算等新兴技术为例，行业标准将逐渐涵盖这些技术在云计算和大数据领域的应用，以确保技术的安全性和可靠性。新兴技术的发展是推动行业标准更新完善的重要驱动力，行业标准需要及时适应新兴技术的发展，为其应用提供规范和指导。

展望未来，标准制定组织将加强对新兴技术的研究力度，并持续跟踪其发展趋势和应用场景。例如，对于区块链技术，标准制定组织将制定一系列相关标准，以规范区块链在云计算和大数据领域的应用，如数据存储、数据共享、数据安全等方面。对于量子计算技术，标准制定组织将制定相关标准，规范量子计算在云计算和大数据领域的应用，如量子算法、量子加密等方面。

此外，未来的行业标准将更加注重新兴技术与现有技术的融合。例如，在制定云计算和大数据标准时，标准制定组织将考虑如何将区块链、量子计算等新兴技术与云计算、大数据、人工智能等现有技术进行整合，以实现更高效、更安全的数据处理和分析。同时，标准制定组织还将鼓励企业和科研机构开展新兴技术与现有技术融合的创新和应用实践，推动行业标准的不断完善和发展。

5.强化标准的可操作性

未来的行业标准将更加注重其可操作性，确保标准能够真正落地实施。标准的制定将更加详尽具体，提供明确的指导和规范，同时加强对标准执行情况的监督和检查。可操作性是行业标准实施的关键，只有具备可操作性的标准才能真正发挥作用。

未来，标准制定组织将加强对标准实施的指导和培训，帮助企业和用户更好地理解和应用标准。例如，标准制定组织可能会编制详细的标准实施指南，提供具体的操作步骤和案例分析，帮助企业和用户更好地执行标准。同时，标准制定组织还可能开展标准培训课程，邀请专家进行标准的解读和讲解，以提高企业和用户对标准的认识和理解。

此外，未来的行业标准还将加强对标准执行情况的监督和检查。例如，标准

制定组织可能会建立标准执行监督机制，定期对企业和用户的标准执行情况进行检查和评估。同时，标准制定组织还可能建立标准反馈机制，及时收集企业和用户对标准的意见和建议，以便及时调整和完善标准。

总之，行业标准的演进是一个不断发展和完善的过程。未来，行业标准将更加注重用户需求、跨领域融合、国际合作、新兴技术和可操作性，为云计算和大数据技术的发展提供更有力的支持。随着云计算和大数据技术的不断进步，行业标准也将不断更新和完善，以适应技术的发展和市场的需求。

11.2　认证机制与评估流程

本节概要

本节首先介绍了云计算与大数据的认证体系，包括数据中心设施认证、云服务提供商认证、数据安全与隐私保护认证以及其他相关认证。接着阐述了认证评估的方法论，包括基于标准的评估、风险评估、性能评估、安全评估和隐私评估。然后详细说明了认证评估的实施步骤，分为准备、评估、分析、报告和跟踪阶段。最后分析了认证评估面临的挑战及应对策略，如应对技术快速发展、多标准融合、数据安全和隐私保护、跨行业合作等挑战。

11.2.1　云计算与大数据的认证体系

随着云计算和大数据技术的广泛应用，构建健全的认证体系对于确保技术的可靠性、安全性和合规性至关重要。云计算与大数据的认证体系涵盖了多个层面，包括数据中心设施认证、云服务提供商认证、数据安全与隐私保护认证等。

11.2.1.1　数据中心设施认证

数据中心是云计算和大数据的基础设施，其可靠性和能效水平直接影响整个系统的运行。数据中心设施认证主要包括以下几个方面。

1. 物理安全性认证

建筑物结构稳定性评估：对数据中心建筑物的结构进行全面检查，包括地基、框架、墙体等，确保其能够承受自然灾害（如地震、飓风）和人为破坏（如爆炸、入侵）的影响。

防火措施审查：检查数据中心的防火系统，包括火灾报警系统、灭火设备（如灭火器、消火栓、自动喷水灭火系统等）、防火隔离设施（如防火门、防火卷帘）等，确保在火灾发生时能够及时发现并迅速扑灭火灾，防止火势蔓延。

防水措施检查：评估数据中心的防水能力，包括屋顶、墙壁、地面的防水处理，以及排水系统的设计和运行情况。确保在遭遇洪水、暴雨等情况下，数据中心能够保持干燥，避免设备受损。

防盗措施验证：审查数据中心的防盗系统，包括门禁系统、监控摄像头、报警系统等。确保只有授权人员能够进入数据中心，防止设备和数据被盗。

2. 电力供应可靠性认证

备用电源配置检查：核实数据中心是否配备了足够的备用电源，如柴油发电机、UPS（不间断电源）等，确保在主电源故障时，备用电源能够及时启动，为数据中心提供持续的电力供应。

电力分配系统评估：检查电力分配系统的设计和运行情况，包括配电柜、电缆、插座等，确保电力能够稳定地分配到各个设备，避免出现电力过载或短路等问题。

电力监控系统审查：评估电力监控系统的功能和性能，确保能够实时监测电力供应情况，及时发现并解决电力问题。

3. 冷却系统效率认证

冷却方式评估：检查数据中心的冷却方式，包括风冷、水冷、液冷等，评估其冷却效果和能效水平，选择适合数据中心的冷却方式。

冷却设备性能测试：对冷却设备（如空调、冷却塔、水泵等）进行性能测试，包括制冷量、功率、效率等指标，确保冷却设备能够满足数据中心的散热需求，同时降低能源消耗。

气流组织优化：评估数据中心的气流组织情况，通过合理的布局和通风设计，确保冷空气能够有效地流经设备，带走热量，提高冷却效率。

4. 网络连接稳定性认证

网络带宽测试：测量数据中心的网络带宽，确保其能够满足用户的需求，避免出现网络拥堵的情况。

延迟和丢包率监测：监测数据中心的网络延迟和丢包率，确保网络连接的稳定性和可靠性，保证数据的传输和访问顺畅。

冗余网络架构评估：审查数据中心的网络架构，确保其具有足够的冗余性，当某条网络链路出现故障时，能够自动切换到备用链路，保证网络的持续连接。

11.2.1.2　云服务提供商认证

云服务提供商是云计算和大数据服务的提供者，其服务质量和安全性直接关系到用户的利益。云服务提供商认证主要包括以下几个方面。

1. 服务质量认证

服务可用性评估：监测云服务提供商的服务可用性，确保其能够按照合同约定的时间提供服务，避免出现服务中断的情况。

可靠性测试：对云服务提供商的系统进行可靠性测试，包括硬件可靠性、软件可靠性、网络可靠性等，确保系统能够稳定运行，避免出现故障。

性能指标评估：评估云服务提供商的性能指标，如响应时间、吞吐量、资源利用率等，确保其能够满足用户的需求。

2. 数据安全认证

数据加密技术评估：对云服务提供商的数据加密技术进行评估，包括加密算法的强度和密钥管理的安全性等方面，以确保数据在传输和存储过程中得到有效的加密保护。

访问控制机制审查：检查云服务提供商的访问控制机制，包括用户身份验证、授权管理和访问日志记录等，确保只有授权用户能够访问数据，防止未经授权的用户访问。

数据备份与恢复测试：对云服务提供商的数据备份与恢复策略进行测试，确保数据能够及时备份，并在发生故障时能够快速恢复，避免数据丢失。

3. 隐私保护认证

隐私政策审查：审查云服务提供商的隐私政策，确保其符合相关法律法规和标准，明确用户数据的收集、使用、存储和共享方式，保护用户的隐私权益。

数据脱敏处理评估：评估云服务提供商的数据脱敏处理技术，确保在数据共享和分析过程中，用户的隐私信息得到妥善保护，避免敏感信息泄露。

隐私保护培训与意识提升：检查云服务提供商是否对员工进行隐私保护培训，增强员工的隐私保护意识，确保员工在工作中能够遵守隐私政策和相关规定。

4. 合规性认证

法律法规遵守情况检查：检查云服务提供商是否遵守相关的法律法规，如数据保护法规、隐私法规、网络安全法规等，确保其运营合法合规。

标准符合性评估：评估云服务提供商的服务是否符合相关的标准和规范，如ISO 27001、SOC 2认证等，确保其提供的服务具有一定的质量和安全性保障。

审计与监督机制审查：审查云服务提供商的审计与监督机制，确保其能够定期对自身的服务进行审计和监督，发现问题及时整改。

11.2.1.3 数据安全与隐私保护认证

数据安全与隐私保护是云计算和大数据应用中的关键问题，认证体系主要包括以下几个方面。

1. 数据加密认证

加密算法强度评估：评估数据加密算法的强度，确保其能够抵御各种攻击手段，保护数据的机密性。

密钥管理体系审查：审查密钥管理体系，包括密钥的生成、存储、分发、更新和销毁等环节，确保密钥的安全性和可靠性。

加密实施效果验证：验证数据加密的实施效果，确保数据在传输和存储过程中得到有效的加密保护，防止数据被窃取或篡改。

2. 访问控制认证

身份验证方式评估：评估身份验证方式的安全性和可靠性，如密码、指纹、面部识别等，确保只有授权用户能够通过身份验证。

授权管理机制审查：审查授权管理机制，确保用户的访问权限得到合理的分配和管理，防止未经授权的访问。

访问日志记录与审计：检查访问日志记录的完整性和准确性，确保能够对用户的访问行为进行有效的审计和追溯。

3. 数据备份与恢复认证

备份策略评估：评估数据备份策略的合理性和有效性，包括备份的频率、备份介质的选择、备份数据的存储位置等，确保数据能够及时备份。

恢复测试：进行恢复测试，验证在数据丢失或损坏的情况下，能否快速准确地恢复数据，确保业务的连续性。

备份数据的安全性审查：审查备份数据的安全性，确保备份数据得到妥善保护，防止备份数据被窃取或篡改。

4. 隐私保护政策认证

隐私政策的完整性审查：审查隐私政策是否涵盖了用户数据的收集、使用、存储、共享和销毁等各个环节，确保用户的隐私权益得到全面保护。

隐私政策的透明度评估：评估隐私政策的透明度，确保用户能够清楚地了解自己的数据将如何被处理，以及自己的权利和义务。

隐私政策的执行情况检查：检查隐私政策的执行情况，确保云服务提供商在实际操作中能够严格遵守隐私政策，保护用户的隐私信息。

11.2.1.4 其他相关认证

除了上述认证之外，云计算与大数据的认证体系还包括其他相关认证。

1. 云计算架构认证

架构合理性评估：评估云计算架构的合理性，包括资源分配、负载均衡、容错处理等方面，确保架构能够满足业务需求，并具有良好的扩展性和可靠性。

技术选型审查：审查云计算架构中所采用的技术和产品，确保其符合行业标准和最佳实践，并具备较高的性能和安全性。

架构安全性评估：评估云计算架构的安全性，包括网络安全、数据安全、应用安全等方面，确保架构能够抵御各种安全威胁。

2. 大数据处理能力认证

数据处理性能测试：测试大数据处理平台的性能，包括数据的采集、存储、分析和挖掘等环节，确保平台能够快速处理大规模数据。

数据质量评估：评估大数据处理平台的数据质量，包括数据的准确性、完整性、一致性等方面，确保平台能够提供高质量的数据支持。

数据分析算法评估：评估大数据处理平台所采用的数据分析算法，确保算法具有较高的准确性和效率，能够满足业务需求。

3. 云应用开发与部署认证

开发流程评估：评估云应用的开发流程，包括需求分析、设计、开发、测试和部署等环节，以确保开发流程规范、高效。

应用安全性测试：测试云应用的安全性，包括漏洞扫描、渗透测试等，旨在确保应用在运行期间的安全性，避免安全漏洞的出现。

部署环境审查：审查云应用的部署环境，包括服务器配置、网络设置、数据库管理等方面，以保证部署环境的稳定性和可靠性。

4. 云计算与大数据专业人员认证

知识技能评估：评估专业人员在云计算与大数据领域的知识和技能，包括云计算架构、大数据处理技术、数据安全与隐私保护等方面，确保其具备相应的专业能力。

实践经验审查：审查专业人员的实践经验，包括参与的项目、解决的问题等，确保其能够将理论知识应用于实际工作中。

职业道德评估：评估专业人员的职业道德，包括遵守法律法规、保护用户隐私、保守商业秘密等方面，确保其具有良好的职业操守。

总之，云计算与大数据的认证体系是一个多层次、多维度的系统，涵盖了技

术、服务、安全等多个方面。通过建立健全的认证体系，可以提高云计算和大数据技术的可靠性、安全性和合规性，为用户提供更加优质的服务，促进云计算和大数据产业的健康发展。

11.2.2 认证评估的方法论与实施步骤

认证评估是确保云计算与大数据服务质量、安全性和合规性的关键环节，它涉及一系列科学的方法论和具体的实施步骤。

11.2.2.1 认证评估的方法论

1. 基于标准的评估

认证评估的首要依据是一系列国际标准、行业标准和最佳实践。这些标准涵盖了云计算与大数据的各个方面，包括数据中心设施的建设和管理标准、云服务提供商的服务质量和安全标准、数据安全与隐私保护的相关标准等。

（1）标准的重要性

标准为评估提供了明确的框架和规范，确保评估的全面性、客观性和一致性。例如，ISO 27001 标准规定了信息安全管理体系的要求，包括信息安全策略、组织架构、资产管理、访问控制等方面的内容。遵循这一标准进行评估，可以确保被评估对象在信息安全管理方面具备完善的体系和措施。ISO 27017 标准则专门针对云计算服务的信息安全控制提供了指导，帮助评估人员更好地评估云计算环境下的安全风险和控制措施。

（2）标准的选择与应用

在进行认证评估时，评估人员需要根据被评估对象的特点和需求，选择合适的标准进行评估。同时，评估人员还需要深入理解标准的要求，将其应用到实际的评估过程中。例如，在评估数据中心设施的建设和管理时，评估人员需要检查数据中心的物理安全性、电力供应可靠性、冷却系统效率、网络连接稳定性等方面，确保数据中心能够为云计算与大数据服务提供稳定、可靠的基础设施支持。

2. 风险评估

风险评估是认证评估的重要组成部分，旨在识别和评估云计算与大数据环境

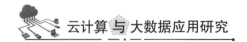

中可能存在的各种风险，包括技术风险、安全风险、合规风险等。

（1）风险评估方法

在进行风险评估时，评估人员通常会采用多种方法，如风险矩阵法、故障树分析法、层次分析法等。风险矩阵法通过将风险发生的可能性和影响程度进行量化评估，然后将两者相乘得到风险等级，从而确定需要重点关注的风险领域。故障树分析法通过分析可能导致风险事件发生的各种因素，构建故障树模型，从而找出风险的根源和传播路径。层次分析法则通过将复杂的问题分解为多个层次，对每个层次的因素进行两两比较，确定其相对重要性，为风险评估提供决策依据。

（2）风险评估的流程

风险评估的流程通常包括风险识别、风险分析、风险评价和风险控制四个阶段。在风险识别阶段，评估人员需要通过各种渠道收集信息，识别云计算与大数据环境中可能存在的风险因素。在风险分析阶段，评估人员需要对识别出的风险因素进行分析，确定其发生的可能性和影响程度。在风险评价阶段，评估人员需要根据风险分析的结果，对风险进行评价，确定风险的等级和优先级。在风险控制阶段，评估人员需要根据风险评价的结果，制定相应的风险控制措施，以降低风险发生的可能性和影响程度。

3. 性能评估

性能评估主要关注云计算与大数据系统的性能表现，包括响应时间、吞吐量、资源利用率等指标。

（1）性能评估的工具与技术

为了进行准确的性能评估，评估人员通常会使用专业的测试工具和技术，如性能测试软件、压力测试工具等。在测试过程中，评估人员会模拟不同的负载情况，观察系统的性能表现，并记录相关数据。性能测试软件可以模拟大量用户请求，测量系统的响应时间、吞吐量等指标。压力测试工具则通过增加系统的负载，测试系统在高负载情况下的性能表现，以找出系统的性能瓶颈。

（2）性能评估的指标与分析

性能评估的指标包括响应时间、吞吐量、资源利用率等。响应时间是指系统对用户请求的响应时间，通常以毫秒为单位。吞吐量是指系统在单位时间内能够

处理的请求数量，通常以每秒请求数（Queries Per Second，QPS）或每秒事务数（Transactions Per Second，TPS）为单位。资源利用率是指系统在运行过程中对各种资源的使用情况，包括 CPU 利用率、内存利用率、磁盘利用率等。评估人员通过对这些指标的分析，可以判断系统是否能够满足业务需求，以及是否存在性能瓶颈。如果发现性能问题，评估人员还会进一步分析原因，并提出相应的改进建议。

4. 安全评估

安全评估是认证评估的核心环节之一，涵盖数据安全、网络安全、访问控制、加密技术等多个方面的评估。

（1）数据安全评估

在数据安全方面，评估人员会关注数据在存储、传输和处理过程中的安全性，重点包括数据加密、备份与恢复以及数据销毁等措施。数据加密是保护数据安全的重要手段，评估人员会检查数据在存储和传输过程中是否采用了合适的加密算法和密钥管理机制。备份与恢复是确保数据可靠性的重要措施，评估人员会关注数据备份的频率、备份数据的完整性和可用性，以及数据恢复的时间和成功率。数据销毁则是保护数据隐私的关键环节，评估人员会检查数据在不再需要时是否能够被安全地销毁。

（2）网络安全评估

在网络安全方面，评估人员会检查网络拓扑结构、防火墙设置、入侵检测系统等的有效性。网络拓扑结构的合理性直接影响网络的安全性和可靠性。评估人员会检查网络的层次结构、网段划分、访问控制等方面，以确保网络能够有效地防止外部攻击和内部威胁。防火墙是网络安全的第一道防线，评估人员会检查防火墙的配置是否合理，是否能够有效地阻止非法访问和攻击。入侵检测系统可以实时监测网络中的异常行为，评估人员会检查入侵检测系统的部署位置、检测规则、报警机制等方面，确保其能够及时发现和响应网络攻击。

（3）访问控制评估

在访问控制方面，评估人员会审查用户身份验证、授权管理、访问日志记录等机制的完善性。用户身份验证是确保只有合法用户能够访问系统的重要手段，评估人员会检查用户身份验证的方式、强度和安全性。授权管理是控制用户对系统资源访问权限的重要措施，评估人员会检查授权管理的策略、机制和流程，确保用户只能访问其被授权的资源。访问日志记录是跟踪用户行为和发现安全事件的重要依据，评估人员会检查访问日志的记录内容、存储方式和查询机制，确保其能够为安全审计和事件调查提供有力支持。

（4）加密技术评估

在加密技术方面，评估人员会评估加密算法的强度和密钥管理的安全性等方面。加密算法的强度直接影响数据的安全性。评估人员会检查加密算法的类型、密钥长度、加密模式等，确保其能够抵御各种攻击。密钥管理是加密技术的关键环节，评估人员会检查密钥的生成、存储、分发、更新和销毁等过程，确保密钥的安全性和可靠性。

5. 隐私评估

隐私评估关注云计算与大数据系统对用户隐私的保护情况。它包括对隐私政策、数据收集和使用方式、数据脱敏处理等方面的评估。

（1）隐私政策评估

评估人员会审查隐私政策是否明确告知用户数据的收集目的、使用方式和范围，以及用户的权利和选择。隐私政策是保护用户隐私的重要法律文件，评估人员会检查隐私政策的内容是否完整、准确、清晰，且符合相关的法律法规和标准要求。同时，评估人员还会检查隐私政策的发布渠道和更新机制，确保用户能够及时了解和掌握隐私政策的变化。

（2）数据收集和使用评估

评估人员会检查数据收集和使用过程中是否采取了适当的措施来保护用户的隐私，如数据脱敏、匿名化处理等。数据脱敏是指对敏感数据进行处理，使其在不泄露用户隐私的情况下能够被使用。匿名化处理是指对用户数据进行处理，使其无法被识别出具体的用户身份。评估人员会检查数据脱敏和匿名化处理的方法、程度和效果，以确保其能够有效地保护用户的隐私。

（3）数据存储和传输评估

评估人员还会关注数据在存储和传输过程中的安全性，确保用户的隐私信息

不会被泄露。在数据存储方面，评估人员会检查数据的存储位置、存储方式、访问控制等方面，确保数据能够被安全地存储。在数据传输方面，评估人员会检查数据的传输协议、加密方式、传输通道等，确保数据能够被安全地传输。

11.2.2.2 认证评估的实施步骤

1. 准备阶段

（1）确定评估目标和范围

在开始评估之前，需要明确评估的目标是验证云计算与大数据服务的质量、安全性还是合规性，以及评估的范围涵盖哪些具体的系统、服务和流程。评估目标和范围的确定需要考虑多方面的因素，如业务需求、法律法规要求、行业标准等。例如，如果评估的目标是验证云计算服务的安全性，那么评估的范围可能包括云服务提供商的数据中心设施、网络安全、访问控制和数据安全等方面。

（2）组建评估团队

根据评估的目标和范围，组建一支由具备相关专业知识和经验的人员组成的评估团队。团队成员可能包括技术专家、安全专家、合规专家和审计人员等。评估团队的成员需要具备丰富的专业知识和实践经验，能够独立完成评估任务。同时，评估团队还需要具备良好的沟通能力和团队合作精神，能够与被评估对象的相关人员进行有效的沟通和协作。

（3）收集相关资料

收集被评估对象的相关资料，如技术文档、安全策略、隐私政策、用户手册和审计报告等。这些资料将为后续的评估工作提供重要的参考。在收集资料的过程中，评估人员需要确保资料的完整性、准确性和时效性。同时，评估人员还需要对收集到的资料进行分类整理，以便在评估过程中能够快速查找和使用。

2. 评估阶段

（1）现场检查

对数据中心设施进行现场检查，包括物理安全性、电力供应可靠性、冷却系统效率和网络连接稳定性等方面。评估人员会检查数据中心的建筑结构、防火设施、备用电源、空调系统和网络设备等，确保它们符合相关的标准和要求。现场

检查是评估的重要环节之一，通过现场检查，评估人员可以直观地了解被评估对象的实际情况，发现潜在的问题和风险。

（2）技术测试

对云计算与大数据系统进行技术测试，包括性能测试、安全测试和隐私测试等。性能测试模拟不同的负载情况，测量系统的响应时间、吞吐量和资源利用率等指标；安全测试检查系统的漏洞、安全配置和加密技术；隐私测试审查数据的收集、使用、存储和共享方式，确保用户的隐私得到保护。技术测试是评估的核心环节之一，通过技术测试，评估人员可以客观地评估被评估对象的性能、安全性和隐私保护水平。

（3）文档审查

审查相关的文档资料，如标准符合性证明、审计报告、风险评估报告和安全策略等。评估人员会仔细检查这些文档，确保它们的完整性、准确性和符合性。文档审查是评估的重要环节之一，通过文档审查，评估人员可以了解被评估对象的管理体系和制度建设情况，发现潜在的问题和风险。

（4）人员访谈

与相关人员进行访谈，包括管理人员、技术人员和用户等。通过访谈，了解他们对云计算与大数据系统的认识和操作情况，以及对安全和隐私的重视程度。人员访谈是评估的重要环节之一，通过人员访谈，评估人员可以了解被评估对象的实际运行情况和管理水平，发现潜在的问题和风险。

3.分析阶段

（1）数据整理

在评估过程中收集的数据需要进行整理和分析，以识别存在的问题和潜在的风险。评估人员会使用数据分析工具和方法，对数据进行统计分析、趋势分析、关联分析等，以发现数据中的规律和异常情况。数据整理和分析是评估的关键环节之一，通过数据整理和分析，评估人员可以客观地评估被评估对象的实际情况，为后续的结论形成提供依据。

（2）风险评估

根据风险评估的方法论，对发现的问题进行风险评估，确定风险的等级和影响。评估人员会考虑风险发生的可能性、影响程度、现有控制措施的有效性等因素，对风险进行综合评估。风险评估是评估的重要环节之一，通过风险评估，评估人员可以确定需要重点关注的风险领域，为后续的整改提供依据。

（3）形成结论

根据分析结果，形成评估结论，确定被评估对象是否符合认证要求。评估结论会明确指出被评估对象的优点和不足，以及需要改进的地方。结论形成是评估的重要环节之一，通过结论形成，评估人员可以为相关方提供决策依据，促进被评估对象持续改进。

4. 报告阶段

（1）撰写报告

根据评估结论，撰写详细的评估报告，包括评估的过程、发现的问题、风险评估结果、结论和建议等。评估报告应清晰、准确地表达评估结果，为相关方提供决策依据。撰写评估报告需遵循一定的规范和格式，以确保报告的可读性和可理解性。

（2）报告审核

对评估报告进行审核，确保其准确性和公正性。审核人员会仔细检查报告的内容，包括数据的准确性、分析的合理性、结论的可靠性等。报告审核是评估的重要环节之一，通过审核，确保评估报告的质量和可信度。

（3）报告提交

将评估报告提交给相关方，如云服务提供商、用户、监管机构等。提交后，评估人员还会与相关方进行沟通，解答他们的疑问，并提供必要的解释和说明。报告提交是评估的重要环节之一，通过这一过程，评估人员可以将评估结果反馈给相关方，促进被评估对象的持续改进。

5. 跟踪阶段

（1）整改建议

根据评估报告提出的建议，被评估对象需制定整改计划并采取相应措施来改进不足。整改计划应明确整改的目标、措施、责任人和时间节点等。整改建议是评估的重要环节之一，通过整改建议，评估人员可以促进被评估对象的持续改进，

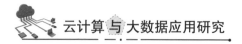

提高其服务质量、安全性和合规性。

（2）跟踪验证

对被评估对象的整改情况进行跟踪验证，确保问题得到有效解决。评估人员会定期检查整改的进展情况，并对整改后的系统进行再次评估，以验证整改效果。跟踪验证是评估的重要环节之一，通过跟踪验证，确保被评估对象能够持续符合认证要求。

（3）认证更新

如果被评估对象通过整改达到了认证要求，认证机构可以更新认证证书；否则可能会撤销认证。认证更新的过程通常需要重新进行评估，以确保被评估对象持续符合认证要求。认证更新是评估的重要环节之一，通过认证更新，确保认证的有效性和权威性。

11.2.2.3 认证评估的挑战与应对策略

1. 技术快速发展带来的挑战

随着云计算和大数据技术的持续进步，新兴技术和应用不断涌现，这给认证评估带来了挑战。评估人员需要不断学习和掌握新技术和标准，以确保评估的有效性和权威性。

应对这些挑战的策略主要包括：加强培训和学习，提高评估人员的专业素质和技术水平；建立技术跟踪机制，以便及时掌握云计算与大数据技术发展的最新动态；与行业专家和研究机构合作，共同研究和解决认证评估过程中遇到的技术难题。

2. 多标准融合的挑战

认证评估需要依据多项标准进行，这些标准之间可能存在差异和冲突，给评估人员带来不小的挑战。评估人员需要协调和整合这些不同的标准，以确保评估的全面性和一致性。

应对策略包括：建立标准协调机制，增强不同标准之间的沟通和协调；制定统一的评估框架和方法，将不同标准的要求综合起来；加强与国际标准化组织和行业协会的合作，促进标准的统一与协调。

3. 数据安全和隐私保护的挑战

在云计算与大数据环境中,数据安全和隐私保护是认证评估中的重点和难点。评估人员需要确保被评估对象采取了有效的数据安全和隐私保护措施,以保障用户的权益。

应对策略:

(1)加强对数据安全和隐私保护相关法律法规的研究,为认证评估提供法律依据。

(2)建立数据安全和隐私保护的评估指标体系,明确评估的内容和方法。

(3)加强与数据安全和隐私保护机构的合作,共同推动数据安全和隐私保护工作。

4. 跨行业合作的挑战

云计算与大数据的应用涉及多个行业,不同行业之间的差异较大,这给认证评估带来了挑战。评估人员需要了解不同行业的特点和需求,以确保评估的针对性和有效性。

应对策略:

(1)建立跨行业合作机制,加强不同行业之间的沟通和交流。

(2)制定行业特定的评估标准和方法,以满足不同行业的需求。

(3)培养跨行业的评估人才,提高评估人员的综合素质和能力。

总之,认证评估是确保云计算与大数据服务质量、安全性和合规性的重要手段。通过科学的方法论和具体的实施步骤,可以有效评估云计算与大数据服务的实际情况,发现存在的问题和风险,并提出相应的整改建议。同时,认证评估也面临着技术快速发展、多标准融合、数据安全和隐私保护、跨行业合作等挑战,需要采取相应的应对策略,不断提高认证评估的水平和质量,为云计算与大数据产业的健康发展提供有力保障。

第 12 章　云计算与大数据的跨界融合与创新

本章探讨云计算与大数据的跨界融合创新。12.1 节阐述跨界合作的前景与挑战，包括在多个领域的合作机遇及面临的数据安全、技术标准、文化差异和法规不确定性等挑战，并提出应对策略。12.2 节探索创新合作模式与成功案例，涵盖数据共享、技术合作、业务融合等创新模式，并通过多个领域的成功案例展示跨界合作的创新成果，为未来发展提供借鉴。

12.1 跨界合作的前景与挑战

本节概要

　　本节主要阐述了云计算和大数据带来的跨界合作机遇，如在医疗、金融等领域。同时也介绍了所面临的挑战，如数据安全与隐私保护、技术标准和系统兼容性、组织文化和管理模式差异性、法律法规环境的不确定性等问题，各领域需强化数据安全保护措施、推动技术标准的统一化、促进文化融合和管理协调一致，以应对挑战，成功实现跨界合作。

12.1.1 云计算与大数据的跨界合作机遇

　　随着信息技术的不断发展，云计算和大数据技术正在逐渐渗透到各个行业和领域，为跨界合作带来了前所未有的机遇。这些机遇不仅能够推动各个行业的创新和发展，还能够为社会带来更多的价值和便利。以下是一些具体的例子，展示了云计算和大数据在不同领域的跨界合作机遇。

1. 医疗健康领域

　　云计算和大数据技术在医疗健康领域的应用展现出了巨大的潜力。例如，通过云计算平台，医疗机构可以实现医疗数据的存储、共享和分析，提高医疗服务的效率和质量。大型医院可以将患者的病历、诊断报告、影像资料等关键数据存储在云端，方便医生随时访问和查看。同时，不同医院之间可以通过云计算平台共享数据，使得远程会诊和转诊成为可能，为患者提供更优质的医疗服务。

　　大数据分析可以帮助医生更好地了解患者的病情，并据此制定个性化的治疗方案。例如，通过分析患者的基因数据、临床数据和生活习惯等信息，医生可以预测患者患某种疾病的风险，并提前采取预防措施。此外，大数据分析还可以辅助医生选择最适合患者的药物和治疗方案，提高治疗效果。

例如，一家医疗研究机构利用大数据分析了大量癌症患者的数据，发现了一种新的治疗靶点。基于这一发现，研究团队开发出了一种新药，并通过临床试验验证了该药物对癌症患者的治疗效果显著提高。

2. 金融领域

在金融领域，云计算和大数据技术的跨界合作可以为金融机构提供更为精细化的风险管理、投资决策优化以及客户服务提升的途径。通过大数据分析，金融机构可以深入了解客户的需求和行为，提供个性化的金融产品和服务。例如，银行通过分析客户的消费数据和交易记录，发现客户对旅游消费有显著偏好。于是，银行据此推出了一款专为旅游消费设计的信用卡产品，该产品提供丰富的旅游优惠和积分奖励，赢得了客户的青睐。

云计算平台可以为金融机构提供强大的计算和数据存储能力，支持高频交易、风险管理等业务。例如，一家证券交易所利用云计算平台处理大量交易数据，实现交易的快速匹配和清算。同时，云计算平台还可以提供灾备服务，确保金融机构的数据安全和业务连续性。

此外，云计算和大数据技术还能帮助金融机构防范欺诈和检测异常交易，保障金融安全。例如，一家支付公司利用大数据分析技术，实时监测用户的交易行为，发现异常交易后及时进行预警和拦截，有效防范了欺诈行为的发生。

3. 制造业领域

制造业与云计算和大数据技术的融合可以实现智能制造的目标。通过物联网技术，制造业企业可以将生产设备、传感器等连接到云计算平台，实时采集和分析生产数据，从而实现生产过程的优化和自动化。例如，一家汽车制造企业通过物联网技术将生产线上的设备连接到云计算平台，实时监测设备的运行状态和生产数据。通过大数据分析，企业发现了生产过程中的一些瓶颈问题，并进行了优化改进，提高了生产效率和产品质量。

大数据分析可以帮助企业预测市场需求、优化供应链管理、提高产品质量。例如，一家电子产品制造企业结合客户反馈，通过分析市场数据，预测了未来市场对某种产品的需求趋势。基于这一预测，企业提前调整了生产计划，确保了产品的及时供应。

此外，云计算和大数据技术还支持制造业企业的数字化转型，推动企业向服务型制造模式的转型。例如，一家机床制造企业利用云计算和大数据技术，为客户提供远程监控、故障诊断和维护服务，提高了客户满意度和忠诚度。

4. 教育领域

在教育领域，云计算和大数据技术正引领着教育教学创新和变革的浪潮。云计算平台可以提供在线教育平台、教学资源共享、学习管理系统等多样化的服务，支持远程教育和个性化学习。例如，一所学校利用云计算平台成功搭建了在线教育平台，学生可以通过网络随时随地访问学习资源，并进行在线学习和测试。

大数据分析技术可以帮助教师了解学生的学习情况和需求，优化教学内容和方法。例如，一位教师通过分析学生的学习数据，发现学生在某个知识点上存在困难。于是，教师有针对性地调整了教学内容和教学策略，有效地帮助学生更好地掌握这个知识点。

此外，云计算和大数据技术还有助于教育机构的管理和决策，提高教育资源的配置效率。例如，教育管理部门通过大数据分析，全面掌握了所属区域各个学校的师资力量、学生数量和教学质量等信息，从而能够更加合理地分配教育资源，显著提高了教育资源的利用效率。

5. 农业领域

云计算和大数据技术在农业领域的应用有助于提高农业生产效率、降低生产成本，并保障农产品质量安全。通过物联网技术，农业企业可以实时监测土壤状况、气候条件、作物生长等数据，并将这些数据传输到云计算平台进行深入分析。例如，某农场利用物联网技术监测土壤湿度、温度和养分含量等指标，根据数据分析结果精准地进行灌溉和施肥，从而显著提高了农作物的产量和品质。

大数据分析可以辅助农民制定更为精准的种植计划、优化灌溉和施肥方案、预测并防范病虫害的发生。例如，一家农业科技公司通过分析历史气候数据和农作物生长数据，成功预测了未来病虫害的潜在趋势，并及时向农民发出预警，采取相应的预防措施，有效减少了病虫害对农作物的损害。

此外，云计算和大数据技术还能够支持农产品的追溯和质量监管，有助于保障消费者权益。例如，消费者可以通过扫描农产品上的二维码，获取农产品的种植、加工和运输等详细信息，确保了农产品的质量安全。

6. 智慧城市领域

智慧城市的建设离不开云计算和大数据技术的支持。通过云计算平台，城市可以实现各种智能应用的整合和管理，包括但不限于智能交通、智能能源、智能安防等。例如，一个城市利用云计算平台整合了交通信号灯、监控摄像头和传感器等设备的数据，实现了智能交通管理。通过大数据分析，城市可以优化交通信号灯的时序，从而减少交通拥堵，提高交通效率。

大数据分析可以帮助城市管理者更好地了解城市的运行状况，优化城市规划和资源配置。例如，城市管理者通过分析人口、交通和环境等数据，合理规划城市的公共设施，提高城市的宜居性。

同时，云计算和大数据技术还可以让城市居民享受更便捷的生活服务，如智能医疗、智能教育、智能购物等。例如，居民可以通过手机应用轻松获取医疗服务、教育资源和购物信息，享受更加便捷的生活体验。

7. 科研领域

在科研领域，云计算和大数据可以为科学家提供强大的计算和存储能力，支持大规模数据的处理和分析。以天文学领域为例，科学家需要处理庞大的天文观测数据。借助云计算平台，科学家可以快速地处理和分析这些数据，从而发现新的天体和天象。

大数据分析技术可以帮助科学家发现数据中的规律和趋势，进而推动科学研究的进展。例如，在生物学领域，通过分析基因数据，科学家们发现了一些与疾病相关的基因变异，为疾病的诊断和治疗提供了新的途径和思路。

总之，云计算和大数据的跨界合作潜力巨大，其应用范围涉及医疗健康、金融、制造业、教育、农业、智慧城市、科研等多个领域。通过跨界合作，云计算和大数据技术不仅为各个领域带来了创新和变革，而且还为社会的发展和进步做出了贡献。

12.1.2 跨界合作的挑战与应对策略

云计算和大数据的跨界合作虽然带来了诸多机遇，但也面临着一些挑战。了

解这些挑战并制定相应的应对策略对于实现成功的跨界合作至关重要。

12.1.2.1　跨界合作的挑战

1. 数据安全与隐私问题

在跨界合作中，数据的共享和流通是必不可少的，但这也带来了数据安全和隐私泄露的风险。鉴于不同行业的数据具有不同的敏感性和保密性要求，如何确保数据在传输、存储和处理过程中的安全，以及如何保护用户的隐私，已经成为一个亟待解决的问题。

（1）医疗健康领域

挑战：在医疗健康领域，患者的病历数据包含大量个人隐私信息，如姓名、年龄、病史、诊断结果等。这些信息的泄露可能会导致患者的个人隐私被侵犯，甚至这些信息可能被用于非法活动，如保险欺诈、身份盗窃等。此外，医疗数据的安全性也至关重要，因为这些数据可能会被黑客攻击或被恶意软件感染，导致数据丢失或被篡改。

举例：曾经发生过一起医疗数据泄露事件，某医院的电子病历系统遭到黑客恶意入侵，导致大量患者的个人信息和病历数据泄露。此次事故中，患者的个人隐私被严重侵犯，给他们带来了极大的困扰；同时对医院的声誉和业务运营产生了严重影响。医院不得不投入大量资金和精力来修复系统漏洞、加强安全防护，并采取措施安抚患者情绪、取得患者信任。

（2）金融领域

挑战：在金融领域，客户的交易数据和财务信息需要受到严格的安全保护。敏感信息的外泄可能会导致客户的财产损失，甚至可能引发金融市场的动荡。此外，金融数据的准确性和完整性也非常重要，因为这些数据常被用于风险评估、投资决策等关键业务环节。

举例：某银行的客户信息数据库被黑客攻击，导致大量客户的账户信息和交易记录泄露。这不仅给某些客户带来了严重的财产损失，也对银行的声誉和业务造成了严重影响。

2. 技术标准和兼容性问题

不同行业和企业在技术标准和架构上可能存在差异，这可能导致云计算和大数据技术在跨界应用时出现兼容性问题。

（1）云计算平台差异

挑战：云计算平台之间接口和协议的不一致可能导致数据迁移和共享变得困难。此外，性能、可靠性和安全性等方面的差异也可能为用户的选择和使用带来一定的困扰。

举例：某企业使用了 A 云计算平台进行数据存储和处理，但在与另一家使用 B 云计算平台的企业合作时，发现数据无法直接在两个平台之间进行迁移和共享，需要进行复杂的数据转换和接口开发工作。

（2）大数据处理和分析工具差异

挑战：大数据处理和分析工具的多样性，以及不同行业对于数据格式、质量和处理要求的不同，这些因素都增加了跨界合作的复杂性和难度。例如，某些行业可能专注于处理大量的结构化数据，而另一些行业则可能主要处理非结构化数据，这就需要使用不同的大数据处理和分析工具。

举例：在制造业和金融领域的跨界合作中，制造业企业通常需要处理大量非结构化的传感器数据和生产数据，而金融企业处理的财务数据多为结构化数据。由于两个行业使用不同的大数据处理和分析工具，导致在数据共享和分析过程中出现兼容性问题。

3. 组织文化和管理模式的差异

在跨界合作的背景下，不同行业的组织文化和管理模式之间可能存在较大差异，这些差异可能会影响合作的顺利进行。为了克服这些差异带来的挑战，合作双方需要建立有效的沟通机制，加强相互理解和信任，并在合作过程中进行灵活调整和优化。

（1）文化差异

挑战：传统行业与互联网行业在企业文化方面存在显著差异。这种差异可能导致在合作过程中出现沟通不畅、决策缓慢等问题。传统行业更倾向于追求稳定性和安全性，决策过程通常比较保守，往往需要经过层层审批，以确保决策得稳

妥；而互联网行业则更加注重创新和快速迭代，强调灵活和快速响应，能够根据市场变化及时做出调整，更能适应市场的变化。

举例：在传统制造业和互联网企业的跨界合作案例中，制造业企业更倾向于采用成熟的技术和方法，而互联网企业则更倾向于尝试新的技术和方法。这种文化差异可能会导致在项目推进过程中出现分歧和冲突。

（2）管理模式差异

挑战：不同企业之间的管理模式存在差异。例如，在项目管理、资源分配和绩效考核等方面，需要在跨界合作中进行有效的协调和整合。某些企业可能采用项目制管理模式，而另一些企业则可能采用职能制管理模式，这就需要在跨界合作过程中进行有效的调整和优化，以确保项目的顺利推进。

举例：在一家大型企业和一家创业公司的跨界合作中，大型企业可能拥有完善的项目管理流程和资源分配机制，但决策过程相对缓慢；而创业公司则可能更加灵活，能够快速做出决策，但资源相对有限。在合作过程中，双方需要协商并找到一种适合的管理模式，以实现资源的优化配置和合作效率的提升。

4. 法律法规和政策环境的不确定性

云计算和大数据技术发展迅速，相关的法律法规和政策环境可能相对滞后，无法完全跟上其发展的步伐，这为跨界合作带来了更多的不确定性。

（1）数据跨境流动

挑战：在数据跨境流动方面，不同国家和地区的法律法规可能存在显著差异，这可能会导致合作过程中出现法律风险。例如，某些国家可能对数据的跨境传输有严格的限制，而其他国家则可能相对宽松。在跨界合作中，需要考虑数据跨境流动的合法性和安全性。

举例：某跨国企业在进行云计算和大数据的跨界合作时，需要将数据从一个国家的服务器传输到另一个国家的服务器进行处理和分析。由于两个国家在数据跨境流动的法律法规上存在差异，导致企业在合作过程中面临法律风险。

（2）隐私保护

挑战：在隐私保护方面，不同国家和地区的法律法规往往存在显著差异。具体来说，某些国家可能对个人隐私的保护制定了极为严格的法律规范，而另一些

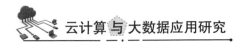

国家则可能相对宽松。这种法律环境的多样性要求合作双方在跨国合作中，确保数据的隐私保护全面、有效，并符合各个国家和地区的法律法规。为此，合作双方需要在符合各国法律法规的基础上，深入研究并采取必要的措施。

举例：某企业在进行全球范围内的大数据分析时，必须收集和处理来自不同国家和地区的用户数据。鉴于不同国家和地区在隐私保护法律上的不同规定，企业需要充分了解并遵守每一项相关法律条款，灵活调整其隐私保护措施，以确保合法合规。这一过程中，增加了企业的运营成本与管理难度。

（3）政策环境的不确定性

挑战：政策环境的不确定性可能会影响跨界合作的进展。例如，政府对某些行业的监管政策发生变化，可能导致合作项目的调整或终止。政府可能对云计算和大数据应用施加限制，或加强对数据安全和隐私保护的监管。

举例：在金融科技领域，政府可能出台新的监管政策，规范和限制金融机构与科技企业的合作进行。这可能导致一些正在进行的跨界合作项目需要调整或终止。

12.1.2.2 应对策略

1. 加强数据安全和隐私保护

（1）采用加密技术

具体措施：对数据进行加密处理，以确保数据在传输和存储过程中的安全性。建议采用对称加密和非对称加密相结合的方式，以实现数据的加密和解密。同时，还可以采用密钥管理技术，确保加密密钥的安全性。

举例：某企业在进行云计算和大数据的跨界合作时，采用了先进的加密技术对数据进行保护。在数据传输阶段，该企业应用了 SSL/TLS 加密协议对数据进行加密传输；在数据存储过程中，则使用 AES 加密算法对数据进行加密存储。同时，企业还部署了密钥管理系统，对加密密钥进行严格的管理和保护。

（2）建立严格的访问控制机制

具体措施：只有经过授权的人员才能访问数据，并且所有数据访问行为都需进行记录和审计，可以采用身份认证、授权管理、访问控制列表等技术手段来实现对数据的访问控制。同时，还可以采用日志审计技术，记录和审计数据的访问

情况。

举例：某医院在与其他医疗机构进行数据共享和合作时，建立了严格的访问控制机制。只有经过授权的医生和研究人员才能访问患者的病历数据，并且所有访问行为都进行了记录和审计。此外，医院还采用了身份认证技术，确保只有合法用户才能访问数据。

（3）加强数据脱敏和匿名化处理

具体措施：在数据共享和分析过程中，针对敏感数据进行脱敏和匿名化处理，以保护用户隐私，可以采用数据脱敏技术，对敏感数据进行替换、删除、加密等操作，使数据能够在不泄露敏感信息的情况下被共享和分析。同时，可以采用匿名化技术，对用户的身份信息进行匿名化处理，使数据能够在不泄露用户身份的情况下被共享和分析。

举例：某金融机构在进行大数据分析时，对客户的交易数据进行了脱敏和匿名化处理。在数据共享和分析过程中，仅使用了脱敏后的交易数据，并对客户的身份信息进行了匿名化处理。这样既保护了客户的隐私，又能够有效地进行大数据分析。

（4）制定完善的数据安全政策和流程

具体措施：明确数据的收集、存储、使用和共享规则，确保数据安全和隐私保护得到有效落实。可以通过制定数据安全管理制度、数据隐私保护政策、数据备份和恢复策略，对数据的安全和隐私进行全面管理和保护。

举例：某企业制定了完善的数据安全政策和流程，明确了数据收集、存储、使用和共享的规则。在数据收集过程中，仅收集必要的用户信息，并明确告知用户数据的用途和范围；在数据存储过程中，企业采用安全的存储设备和技术，对数据进行加密存储；在数据使用和共享过程中，严格按照授权范围进行使用和共享，并对数据的使用和共享进行详细记录和审计。

2. 推动技术标准的统一和兼容性

（1）建立行业标准组织

具体措施：由相关行业的企业和专家组成标准组织，共同制定云计算和大数据的技术标准和规范。可以制定云计算平台的接口标准、数据格式标准、安全标

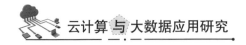

准等，以提高云计算和大数据技术的兼容性和互操作性。

举例：某行业协会成立了云计算和大数据标准工作组，由来自不同企业和科研机构的专家组成。工作组制定了一系列行业标准和规范，包括云计算平台的接口标准、数据格式标准、安全标准等。这些标准和规范的制定提高了行业内云计算和大数据技术的兼容性和互操作性。

（2）促进不同平台之间的互操作性

具体措施：通过开发通用的接口和协议，实现不同云计算平台和大数据工具之间的互操作性。可以采用开放标准和开源技术，促进不同平台之间的互联互通。同时，还可以建立数据交换平台，实现不同平台之间的数据交换和共享。

举例：某企业搭建了一个数据交换平台，实现了不同云计算平台和大数据工具之间的数据交换和共享。该平台采用开放标准和开源技术，支持多种数据格式和接口协议。通过该平台，企业能够轻松地将数据从一个云计算平台迁移到另一个，或者将数据从一个大数据工具导入到另一个进行分析和处理。

（3）加强技术研发和创新

具体措施：不断推动云计算和大数据技术的发展，提高技术的兼容性和适应性。可以加大对云计算和大数据技术的研发投入，鼓励企业和科研机构开展技术创新和应用创新。同时，还可以加强国际合作，引进国外先进的技术和经验。

举例：某科技企业加大了对云计算和大数据技术的研发投入，成立了专门的研发团队，开展技术创新和应用创新。该企业研发了一款具有自主知识产权的云计算平台，该平台采用了先进的技术架构和算法，能够实现高效的资源管理和任务调度。同时，该平台还支持多种数据格式和接口协议，具有良好的兼容性和互操作性。

3. 促进组织文化的融合和管理模式的协调

（1）加强沟通和交流

具体措施：在跨界合作中，加强不同组织之间的沟通和交流，增进彼此的了解和信任。可以通过定期的会议、培训、交流活动等方式，促进不同组织之间的人员交流和思想碰撞。同时，还可以建立沟通机制和反馈渠道，及时解决合作过程中出现的问题。

举例：某传统企业与一家互联网企业进行跨界合作时，双方定期组织会议和

培训活动，让员工了解彼此的业务和文化。同时，双方还建立了沟通机制和反馈渠道，及时解决合作过程中出现的问题。通过加强沟通和交流，双方增进了彼此的了解和信任，提高了合作的效率和质量。

（2）建立共同的目标和价值观

具体措施：合作各方应明确共同的目标和价值观，以此为基础制定合作方案和行动计划。可以通过共同的愿景规划、战略制定等方式，明确合作的方向和目标。同时，还可以通过文化融合和价值观塑造等方式，建立共同的价值观体系。

举例：某制造业企业和一家科技企业进行跨界合作时，双方共同制定了合作的愿景和战略，明确了合作的方向和目标。同时，双方还通过文化融合和价值观塑造等方式，建立了共同的价值观体系。在合作过程中，双方以共同的目标和价值观为指导，共同推进项目的实施和发展。

（3）优化管理流程

具体措施：对合作项目的管理流程进行优化，确保决策高效、资源合理配置。可以采用项目管理、流程再造等方法，对合作项目的管理流程进行优化和改进。同时，还可以建立绩效考核机制和激励机制，提高员工的积极性和创造性。

举例：某企业在进行跨界合作时，采用了项目管理的方法，对合作项目的管理流程进行了优化和改进。该企业成立了专门的项目管理团队，负责项目的规划、执行、监控和收尾等工作。同时，该企业还建立了绩效考核机制和激励机制，对项目团队的工作进行考核和激励。通过优化管理流程，该企业提高了合作项目的管理效率和质量。

（4）培养跨领域的人才

具体措施：培养具备跨领域知识和技能的人才，以更好地适应跨界合作的需求。可以通过跨领域培训、人才交流等方式，培养跨领域的人才。同时，还可以建立人才激励机制，吸引和留住优秀的跨领域人才。

举例：某企业开展了跨领域培训计划，选派员工参加不同领域的培训课程和项目实践。同时，该企业还与高校和科研机构合作，进行人才交流和合作研究。通过培养跨领域的人才，该企业提高了员工的综合素质和创新能力，为跨界合作提供了有力的人才支持。

12.2 创新合作模式与成功案例

本节概要

本节主要探讨云计算与大数据创新的跨界合作模式，包括数据共享合作、技术创新合作以及业务融合拓展。通过多个领域的成功案例展示创新成果，如零售与金融合作提升消费体验、医疗与科技合作提高诊断准确性等，为跨界融合提供借鉴，推动行业发展。

12.2.1 创新的跨界合作模式探索

随着云计算和大数据技术的不断发展，越来越多的创新跨界合作模式正在涌现，为不同行业带来了新的机遇和挑战。

12.2.1.1 数据共享与合作模式

1. 数据联盟

多个企业或组织共同组建数据联盟，将各自的数据资源进行整合和共享。通过制定统一的数据标准和规范，确保数据的质量和安全性。数据联盟可以实现数据的互通有无，为成员单位提供更丰富的数据资源，促进数据分析和创新应用。

（1）数据联盟的优势

资源整合：不同企业和组织拥有不同类型的数据资源，通过数据联盟，可以将这些分散的数据整合起来，形成更全面、更有价值的数据集合。例如，在零售行业，不同的零售商可能拥有不同的客户购买记录、库存数据等。通过数据联盟，这些零售商可以共享数据，从而更好地了解市场需求和消费者行为。

提高数据质量：制定统一的数据标准和规范，可以确保数据的准确性、完整性和一致性。这有助于提高数据分析的可靠性和有效性。例如，在金融行业，数

据联盟可以制定统一的客户信用数据标准,确保各成员单位提供的信用数据具有可比性和可靠性。

促进创新应用:丰富的数据资源为创新应用提供了基础。成员单位可以利用数据联盟中的数据进行数据分析和挖掘,开发新的产品和服务。例如,在医疗行业,数据联盟可以整合医院、科研机构和药企的数据,促进医疗大数据的应用,如疾病预测、精准医疗等。

(2)金融行业的数据联盟案例

在金融行业,多家银行和金融科技公司组成数据联盟,共享客户信用数据和交易数据。通过大数据分析,可以更准确地评估客户的信用风险,为金融机构提供更精准的信贷决策支持。

运作方式:各成员单位将自己的客户信用数据和交易数据上传到数据联盟的平台上。平台采用先进的加密技术和访问控制机制,确保数据的安全性和隐私性。然后,通过大数据分析算法,对这些数据进行整合和分析,生成客户信用风险评估报告。金融机构可以根据这些报告,更准确地评估客户的信用风险,从而决定是否给予信贷,以及确定信贷额度和利率。

带来的好处:一方面,对于金融机构来说,可以降低信贷风险,提高资产质量。通过更准确地评估客户信用风险,可以减少不良贷款的发生,提高贷款的回收率。另一方面,对于客户来说,可以获得更便捷的信贷服务。由于金融机构能够更准确地评估客户信用风险,客户可以更快地获得信贷审批,并且可能获得更优惠的信贷条件。

2. 数据交易平台

建立数据交易平台,为数据的供需双方提供交易场所。数据提供方可以将自己的数据资源挂牌出售,数据需求方则可以根据自身需求在平台上购买数据。数据交易平台需要制定严格的数据交易规则和安全保障措施,确保数据交易的合法性和安全性。

(1)数据交易平台的特点

多元化的数据资源:数据交易平台汇聚了来自不同行业的数据资源,包括医疗、金融、交通、电商等。这些数据资源具有不同的特点和价值,可以满足不同

数据需求方的需求。

灵活的交易方式：数据交易平台提供多种交易方式，如一次性购买、订阅式购买、数据交换等。数据需求方可以根据自身需求和预算选择合适的交易方式。

增值服务：除了数据交易，平台还提供数据清洗、数据分析、数据可视化等增值服务，帮助数据需求方更好地利用数据资源。例如，数据需求方购买了医疗数据后，平台可以提供数据分析服务，帮助其挖掘数据中的潜在价值。

（2）某大数据交易平台案例

某大数据交易平台汇集了来自不同行业的数据资源，包括医疗、金融、交通等领域。企业可以在平台上购买所需数据，用于市场调研、产品研发等。

平台的运作方式：数据提供方整理和标注自己的数据资源后，上传至平台挂牌出售。平台对数据进行审核和评估，以确保数据的质量和合法性。数据需求方可以在平台上搜索和浏览数据资源，选择所需数据进行购买。平台采用安全的交易机制和加密技术，确保数据交易的安全性和隐私性。

平台的增值服务：平台还提供数据清洗、数据分析等增值服务。例如，对于购买医疗数据的企业，平台可以提供数据清洗服务，以去除数据中的噪声和错误，提高数据质量。同时，平台还可以提供数据分析服务，帮助企业挖掘数据中的潜在价值，如疾病流行趋势、患者行为分析等。

12.2.1.2 技术合作与创新模式

1. 联合研发

不同行业的企业或组织通过共同开展技术研发，结合各自的技术专长和行业经验，能够有效攻克技术难题。联合研发不仅能够加速技术创新的步伐，还能减少研发开支，提升技术的实用性和市场竞争力。

（1）联合研发的意义

技术优势互补：不同企业和组织在技术领域各有所长。通过联合研发，可以将这些技术优势结合起来，共同攻克技术难题。例如，在医疗健康领域，医疗机构拥有丰富的临床数据和专业知识，而科技公司则擅长先进的人工智能技术和算法。双方合作，将临床数据与人工智能技术相结合，能够开发出更准确、更高效的医疗诊断辅助系统。

降低研发成本：联合研发可以分摊研发成本，降低单个企业或组织的研发风险。同时，通过共享研发资源，可以提高研发效率，缩短研发周期。

提高技术的适用性和竞争力：联合研发能够充分考虑不同行业的需求和应用场景，使技术更具适用性和竞争力。例如，在工业领域，制造企业和科技公司共同研发智能制造技术，可以将制造工艺和信息技术相结合，提高生产效率和产品质量。

（2）医疗健康领域的联合研发案例

在医疗健康领域，医疗机构、科技公司和高校共同开展人工智能辅助医疗诊断的联合研发。医疗机构提供临床数据和专业知识，科技公司提供人工智能技术和算法，高校则提供科研力量和人才支持。

合作方式：医疗机构将其临床数据提供给科技公司和高校，科技公司利用人工智能技术和算法对这些数据进行分析和挖掘，开发出医疗诊断辅助系统。高校的科研人员负责对系统进行评估和优化，以确保其准确性和可靠性。同时，三方还共同开展临床验证和应用推广，将系统应用于实际医疗场景中，不断进行改进和完善。

成果：通过联合研发，成功开发出具有高精度的医疗诊断辅助系统，提高了医疗诊断的准确性和效率。例如，在肺癌诊断方面，该系统能够通过分析肺部 CT 图像，准确识别肺癌的早期病变，为医生提供重要的诊断依据。同时，该系统还可以提高诊断效率，减少医生的工作量，为患者提供更及时的医疗服务。

2. 技术开放平台

企业将其技术平台进行开放，以吸引其他企业和开发者共同参与创新。通过提供开放的 API 和开发工具，鼓励第三方开发者在平台上开发应用程序和服务。技术开放平台可以扩大企业的技术影响力，促进技术的普及和应用，同时也为企业带来新的商业机会。

（1）技术开放平台的作用

促进技术创新：技术开放平台为开发者提供了一个创新的平台，开发者可以利用平台提供的 API 和开发工具，开发出各种创新的应用程序和服务。这有助于推动技术的不断创新和发展。

扩大技术影响力：通过开放技术平台，企业可以吸引更多的开发者和用户参与，扩大技术的影响力和应用范围。例如，某云计算服务提供商开放了自己的云计算平台，吸引了众多开发者在平台上开发各种应用程序，从而提高了该云计算服务提供商的市场份额和品牌知名度。

带来新的商业机会：技术开放平台可以为企业带来新的商业机会。开发者在平台上开发的应用程序和服务，可以为企业带来更多的用户和收入。同时，企业还可以通过与开发者的合作，共同开拓市场，实现互利共赢。

（2）某云计算服务提供商的技术开放平台案例

某云计算服务提供商开放了其云计算平台，提供丰富的云计算资源和开发工具。开发者可以在平台上开发各种应用程序，如企业管理软件、移动应用等。

平台的开放方式：该云计算服务提供商提供了开放的 API 和开发工具。开发者可以通过这些应用程序编程接口（Application Programming Interface，API）和开发工具，访问云计算平台的各种资源和服务，如计算资源、存储资源、数据库服务等。同时，平台还提供了开发者社区和技术支持，帮助开发者解决在开发过程中遇到的问题。

带来的好处：对于开发者而言，可以利用云计算平台的强大资源和开发工具，快速开发出高质量的应用程序。同时，开发者还可以将自己开发的应用程序部署在云计算平台上，享受平台提供的高可用性、高可靠性和高安全性的服务。对于云计算服务提供商而言，通过与开发者的合作，可以不断完善自身的平台功能，提高服务质量。此外，还可以通过开发者的应用程序，吸引更多用户使用云计算平台，实现业务增长。

12.2.1.3 业务融合与拓展模式

1. 行业融合

不同行业之间进行业务融合，创造新的商业模式和市场机会。例如，金融与科技的融合产生了金融科技，医疗与互联网的融合产生了互联网医疗等。行业融合可以打破传统行业的边界，实现资源的优化配置和创新发展。

（1）行业融合的趋势

技术驱动：云计算、大数据、人工智能等新兴技术的发展，为不同行业之间的融合提供了技术支持。例如，互联网技术的发展，使得医疗行业可以通过互联

网实现远程医疗、在线问诊等服务，有效突破了传统医疗的地域限制。

市场需求：消费者对多元化、个性化产品和服务的需求，促使不同行业之间进行融合。例如，消费者希望在金融服务中获得更多科技体验，如移动支付、智能理财等。这促使金融行业与科技行业进行融合，推出更多创新的金融科技产品和服务。

政策支持：政府对创新和产业融合的支持，也推动了不同行业之间的融合。例如，政府出台了一系列政策，鼓励互联网医疗、金融科技等新兴产业的发展，为行业间的融合营造了有利的政策氛围。

（2）互联网医疗领域的行业融合案例

在互联网医疗领域，互联网企业与医疗机构合作，推出了在线问诊、预约挂号、电子病历等一系列服务。患者可以通过手机 APP 随时随地进行问诊和预约，提高了医疗服务的便捷性和效率。

合作方式：互联网企业利用自身的技术优势和庞大的用户资源，开发互联网医疗平台。医疗机构将其医疗服务接入该平台，为患者提供在线问诊、预约挂号、电子病历等服务。同时，互联网企业还可以利用大数据分析技术，为医疗机构提供患者行为分析和市场预测等服务，帮助医疗机构更好地了解患者需求，优化服务流程。

带来的好处：对于患者而言，他们可以享受更加便捷、高效的医疗服务。在线问诊和预约挂号避免了排队等待的时间，提高了就医效率。同时，电子病历的使用也简化了患者的病历管理。对于医疗机构来说，互联网医疗平台的使用有助于提高服务效率和优化资源配置。通过互联网医疗平台，医疗机构可以更好地管理患者流量，提高医疗资源的利用率。同时，大数据分析技术的应用也可以帮助医疗机构更好地了解患者需求，优化服务流程，提高服务质量。

2. 生态合作

构建云计算和大数据的生态合作体系，吸引不同类型的企业和组织共同参与。生态合作体系包括云计算服务提供商、大数据解决方案提供商、软件开发商、硬件制造商、系统集成商等。通过生态合作，可以实现产业链的协同发展，为用户提供一站式的解决方案。

（1）生态合作体系的构建

明确合作目标：构建生态合作体系的关键在于明确合作目标，即通过合作实现产业链的协同发展，并为用户提供一站式的解决方案。以云计算和大数据领域为例，合作目标可以是提供从数据采集、存储、分析到应用的全流程解决方案。

识别合作主体：生态合作体系的合作主体包括云计算服务提供商、大数据解决方案提供商、软件开发商、硬件制造商、系统集成商等。这些合作主体在产业链中扮演着不同的角色，并拥有各自的竞争优势。通过合作，可以实现资源互补，共同为用户提供优质的解决方案。

构建合作机制：生态合作体系需要建立有效的合作机制，包括合作模式、利益分配机制、沟通协调机制等。合作模式可以涵盖战略联盟、项目合作、技术合作等。利益分配机制需要公平合理，以确保各合作主体的利益得到保障。沟通协调机制需要畅通高效，以便及时解决合作过程中出现的问题。

（2）某云计算服务提供商的生态合作案例

某云计算服务提供商与大数据解决方案提供商、软件开发商等合作，构建了一个完整的云计算和大数据生态合作体系。用户可以在这个体系中选择适合自己的云计算服务、大数据分析工具和应用程序，实现从数据采集、存储、分析到应用的全流程解决方案。

具体合作方式：该云计算服务提供商与大数据解决方案提供商合作，将大数据分析工具集成到云计算平台上，为用户提供一站式的大数据分析服务。同时，与软件开发商合作，开发各种基于云计算和大数据的应用程序，如企业管理软件、客户关系管理软件等。此外，还与硬件制造商合作，提供云计算和大数据所需的硬件设备，如服务器、存储设备等。最后，与系统集成商合作，为用户提供整体的解决方案设计和实施服务。

带来的好处：对于用户而言，可以在一个生态合作体系中选择适合自己的云计算服务、大数据分析工具和应用程序，实现从数据采集、存储、分析到应用的全流程解决方案。这不仅方便了用户的选择和使用，还提高了解决方案的质量和可靠性。对于合作企业来说，可以通过生态合作，实现产业链的协同发展，共同开拓市场，提高整个生态体系的竞争力。

总之,创新的跨界合作模式为云计算和大数据的发展带来了新的机遇和挑战。通过不断探索和创新合作模式,可以实现不同行业之间的优势互补和资源共享,推动云计算和大数据技术的广泛应用和创新发展。未来,随着技术的不断进步和市场的不断变化,将会涌现出更多创新的跨界合作模式,为各行业的发展注入新的动力和活力。

12.2.2 跨界合作的成功案例与创新成果

12.2.2.1 零售与金融领域的合作

案例:美国零售巨头沃尔玛与金融机构 Capital One 的合作。沃尔玛拥有庞大的客户群体和丰富的销售数据,而 Capital One 在金融服务方面具有专业经验。双方通过云计算和大数据技术实现了深度合作。沃尔玛将其客户的购物数据与 Capital One 共享,Capital One 利用这些数据进行分析,为沃尔玛的客户提供个性化的信用卡和金融服务。

1. 合作背景与动机

沃尔玛作为全球知名的零售企业,拥有遍布全球的门店网络和庞大的客户基础。通过多年的经营,积累了大量的销售数据,包括客户的购买历史、消费习惯、偏好等信息。然而,沃尔玛在金融服务领域的专业能力相对有限。

另一方面,Capital One 作为一家专业的金融机构,在信用卡发行、金融服务提供等方面具有丰富的经验和专业知识。但在获取客户和了解客户消费行为方面,面临一定的挑战。

双方的合作旨在实现优势互补,通过整合沃尔玛的销售数据和 Capital One 的金融服务能力,为客户提供更加个性化、便捷的金融服务,同时增强双方在各自领域的市场竞争力。

2. 具体合作方式

数据共享:沃尔玛将客户的购物数据,如购买商品的种类、金额、频率等信息,安全地传输给 Capital One。Capital One 利用先进的数据分析技术,对这些数据进行深入挖掘和分析。

个性化金融服务定制：根据客户的购物习惯和消费金额，Capital One 为沃尔玛的客户定制专属额度的信用卡和优惠活动。例如，对于经常在沃尔玛购买母婴用品的客户，Capital One 可能会提供针对母婴产品的额外返现或优惠利率的分期购物方案。

渠道推广：Capital One 借助沃尔玛的线上线下渠道，推广其金融产品。例如，在沃尔玛的门店设置宣传展示区，向顾客介绍 Capital One 的信用卡产品；在沃尔玛的官方网站和手机应用上展示 Capital One 的金融服务广告。

3. 创新成果

对于消费者而言，消费者能够获得更符合其消费习惯的金融服务，从而提升购物体验和消费满意度。消费者可以根据自己的购物需求，享受特定商品的折扣、积分加倍等优惠。例如，一位经常在沃尔玛购买家居用品的消费者，可能会收到 Capital One 提供的家居用品专属优惠，如在购买家具时享受额外折扣或积分奖励。

通过与沃尔玛的合作，Capital One 可以为消费者提供更加便捷的信用卡申请和使用流程。例如，消费者在沃尔玛购物时，能够直接在门店申请 Capital One 的信用卡，省去了到银行网点办理手续的步骤。

对于沃尔玛来说，首先增强了客户黏性和忠诚度。由于享受到个性化的金融服务，客户更倾向于在沃尔玛购物。例如，一位持有 Capital One 与沃尔玛合作信用卡的消费者，可能会因为信用卡提供的优惠活动而选择在沃尔玛购买商品，从而提高沃尔玛的销售额和市场竞争力。

其次，优化商品采购和库存管理。通过分析金融数据，沃尔玛可以更好地了解客户的消费能力和需求。例如，如果发现某地区的客户对某种特定品牌的商品需求较高，沃尔玛可以及时调整该地区门店的库存，确保商品供应，提高运营效率。

对于 Capital One 而言，借助沃尔玛的客户资源和销售数据，可以进行更精准的风险评估和客户细分。通过分析客户在沃尔玛的购物频率和金额，有助于判断客户的收入稳定性和信用状况，为信用卡审批和额度调整提供更准确的依据，从而降低信贷风险。

与沃尔玛的合作使 Capital One 能够接触到更多的潜在客户，提高品牌知名度和市场份额。例如，通过在沃尔玛的渠道推广，成功吸引了更多消费者申请 Capital One 的信用卡，从而扩大了其在金融市场上的影响力。

12.2.2.2　医疗与科技领域的合作

案例：中国的腾讯公司与多家医院合作，推出了"腾讯觅影"项目。该项目利用云计算和大数据技术，结合人工智能算法，对医疗影像进行分析和诊断。

1. 合作背景与动机

随着医疗技术的不断发展，医疗影像在疾病诊断中的作用日益凸显。然而，传统的医疗影像诊断主要依赖于医生的经验和肉眼观察，容易出现漏诊和误诊。同时，医疗资源分布不均衡，基层医院和偏远地区的医疗水平相对落后，难以满足患者的需求。

腾讯作为一家科技公司，拥有强大的云计算平台和先进的人工智能技术。通过与医疗机构合作，将科技与医疗相结合，可以提高医疗诊断的准确性和效率，有助于实现医疗资源的均衡分配。

2. 具体合作方式

数据提供：医院将患者的 CT、MRI 等影像数据上传至腾讯云平台。这些影像数据经过严格的加密和安全处理，确保患者的隐私得到保护。

技术支持：腾讯利用深度学习算法对影像进行分析，辅助医生进行疾病诊断。例如，在肺癌、乳腺癌等重大疾病的早期筛查方面，"腾讯觅影"可以快速精准地识别影像中的病变区域，为医生提供客观的诊断依据。

知识共享：医院提供专业的医学知识和临床经验，与腾讯的技术团队共同优化算法和诊断模型。双方通过定期的学术交流和培训活动，提高医疗人员对人工智能辅助诊断的认识和应用水平。

3. 创新成果

提高了医疗诊断的准确性和效率。传统的医疗影像诊断主要依靠医生的经验和肉眼观察，容易受到主观因素的影响，导致漏诊和误诊。而"腾讯觅影"通过大数据分析技术和人工智能算法，能够快速准确地识别影像中的病变区域，为医

生提供客观的诊断依据。例如，在一项针对肺癌筛查的研究中，"腾讯觅影"的诊断准确率达到了 90% 以上，大大提高了肺癌的早期发现率。

缩短了诊断时间。人工智能算法可以在短时间内处理大量的影像数据，为医生提供快速的诊断结果，这对于需要及时治疗的患者来说尤为重要。例如，在一些医院的急诊室，"腾讯觅影"可以在几分钟内对患者的影像进行分析，为医生提供初步的诊断意见，从而为患者的救治赢得宝贵时间。

推动了医疗资源的均衡分配。通过云计算平台，"腾讯觅影"可以将优质的医疗影像诊断服务覆盖到更多的基层医院和偏远地区。这些地区的医院由于缺乏专业的影像诊断医生和先进的设备，往往难以为患者提供高质量的医疗服务。而"腾讯觅影"可以为这些医院提供远程诊断支持，使患者在当地就能享受到与大城市医院同等水平的诊断服务。

促进了医疗资源的共享和协作。不同地区的医院可以通过"腾讯觅影"平台共享影像数据和诊断结果，开展远程会诊和病例讨论。这有助于提高基层医院的医疗水平，促进医疗资源的合理配置。

促进了医疗大数据的应用和研究。合作过程中积累的大量医疗影像数据和诊断结果，为医学研究提供了宝贵的资源。科研人员可以利用这些数据进行疾病的发病机制研究、治疗方法探索等，从而推动医学事业的进步。例如，通过对大量肺癌影像数据的分析，研究人员可以发现肺癌的发病趋势和危险因素，为预防和治疗肺癌提供科学依据。

此外，合作还推动了医疗大数据的标准化和规范化。在合作过程中，腾讯与医院共同制定了医疗影像数据的标准和规范，确保了数据的质量和可用性。这为医疗大数据的共享和应用奠定了坚实的基础，促进了医疗大数据产业的发展。

12.2.2.3 交通与互联网领域的合作

案例：中国的滴滴出行与各地交通管理部门合作。滴滴拥有海量的出行数据和先进的大数据分析技术，交通管理部门则掌握着城市的交通规划和管理权限。

1. 合作背景与动机

随着城市化进程的加快和汽车保有量的增加，城市交通拥堵问题日益严重。交通管理部门需要更加准确地了解交通流量和拥堵情况，以便采取有效的交通疏

导措施。作为一家互联网出行平台，滴滴拥有海量的出行数据和先进的大数据分析技术，可以为交通管理部门提供有价值的信息支持。

滴滴也希望通过与交通管理部门的合作，获取更多的交通信息和政策支持，以优化出行路线，提高出行效率，提升用户体验。

2. 具体合作方式

数据共享：滴滴公司将其平台上的车辆行驶、乘客出行需求等数据提供给交通管理部门。这些数据包括车辆的位置、速度、行驶轨迹、乘客的上下车地点等。交通管理部门可以利用这些数据进行交通流量监测、拥堵分析和交通规划。

信息反馈：交通管理部门将城市的道路施工、交通管制等信息反馈给滴滴公司。滴滴公司通过其平台向司机和乘客推送这些信息，以优化出行路线，提高乘客出行效率。

协同管理：双方共同探索交通管理的新模式和新技术，例如智能交通信号控制、交通大数据预测等。通过这种合作，实现了交通管理的智能化和精细化，提高了城市交通的运行效率。

3. 创新成果

缓解城市交通拥堵。通过大数据分析，交通管理部门可以及时了解城市的交通状况，并采取有效的交通疏导措施。例如，调整信号灯的配时、优化道路布局、设置潮汐车道等。同时，滴滴也可以根据交通管理部门提供的信息，为司机和乘客提供实时的路况信息和最优的出行路线，从而避免拥堵路段，减少出行时间。

在一些城市的早高峰时段，交通管理部门通过与滴滴的合作，及时调整部分路口的信号灯配时，缓解了交通拥堵，提高了道路通行效率。例如，根据滴滴提供的出行数据，发现某个路口的交通流量较大，交通管理部门可以适当延长该路口的绿灯时间，从而提高车辆的通行速度。

提高了交通资源的利用效率。滴滴通过大数据分析，实现了车辆的智能调度和共享出行，提高了车辆的利用率。例如，在一些城市的商业区和居民区之间，滴滴可以根据乘客的出行需求，合理调度车辆，提供拼车和顺风车服务，减少车辆的空驶率，降低能源消耗和环境污染。

通过共享出行，乘客可以降低出行成本，同时也为城市交通缓解了压力。例如，一位上班族可以通过滴滴的拼车服务，与其他顺路的乘客一起出行，既节省了费用，又减少了车辆的使用数量。

滴滴提升了交通管理的智能化水平。在合作过程中，交通管理部门和滴滴共同探索了交通管理的新模式和新技术。例如，智能交通信号控制可以根据实时交通流量自动调整信号灯的时间，提高路口的通行效率。交通大数据预测可以提前预测交通拥堵情况，为交通管理部门提供决策支持。

通过对历史出行数据的分析，可以预测未来的交通流量和拥堵情况，从而提前采取措施进行预防和疏导，提高交通管理的前瞻性和科学性。例如，在节假日或大型活动期间，交通管理部门可以根据滴滴提供的出行预测数据，提前部署交通警力，优化交通组织，确保道路畅通。

12.2.2.4 教育与科技领域的合作

案例：美国的 Coursera 与全球多所知名高校合作。Coursera 是一家在线教育平台，利用云计算和大数据技术为全球学习者提供高质量的在线课程。

1. 合作背景与动机

随着互联网的普及和信息技术的飞速发展，在线教育逐渐成为一种不可逆转的趋势。传统教育模式受到时间和空间的限制，无法满足人们日益增长的学习需求。而 Coursera 作为一家在线教育平台，通过与全球多所知名高校的合作，可以为学习者提供丰富的课程资源和优质的教育服务。

高校也希望通过与 Coursera 的合作，扩大自身的影响力和知名度，将优质的教育资源分享给更多的学习者。同时，在线教育平台也为高校提供了一种新的教学模式和教学手段，有助于促进教学方法和教育理念的更新。

2. 具体合作方式

课程提供：高校将自己的课程放到 Coursera 平台上，这些课程涵盖了各个学科领域，包括计算机科学、商业管理、人文社科等。高校的教师团队负责课程的设计和教学，确保课程的质量和学术水平。

平台建设：Coursera 致力于课程平台的建设、技术支持和市场推广。平台提

供了多样化的学习工具，包括视频讲座、在线作业、讨论论坛等，方便学习者自主学习。同时，Coursera 利用大数据分析技术，根据学习者的学习行为和进度，为其提供个性化的学习建议和辅导。

认证与学分：学习者可以通过完成课程的学习和考核，获得 Coursera 颁发的证书。一些高校也认可 Coursera 的课程学分，学习者可以将其在 Coursera 上获得的学分转换为高校的学分。

3. 创新成果

Coursera 丰富了教育资源，实现了优质教育资源的全球共享。无论学习者身处何地，只要有互联网连接，就可以学习到世界名校的课程。这打破了传统教育的地域限制和资源壁垒，为学习者提供了更多的学习机会。同时，在线教育平台汇聚了全球多所知名高校的课程资源，学习者可以根据自己的兴趣和需求进行选择。这丰富了教育资源的多样性，满足了不同学习者的个性化学习需求。例如，一位来自非洲贫困地区的学生，可以通过 Coursera 学习斯坦福大学的计算机科学课程，提升自己的知识水平和技能。

提高了教育的个性化和适应性。Coursera 通过大数据分析，了解每个学习者的学习特点和需求，为其提供个性化的学习路径和辅导。个性化的学习建议和辅导可以帮助学习者更好地掌握知识和技能，提高学习效率和效果。同时，也可以激发学习者的学习兴趣和积极性，促进自主学习能力的培养。例如，对于学习进度较快的学生，平台可以推荐更具挑战性的课程和项目；对于学习困难的学生，平台可以提供额外的学习资源和辅导支持。

推动了教育模式的创新和变革。在线教育平台的兴起，彻底改变了传统的教育模式，使学习更加自主、灵活和便捷。学生可以根据自己的时间和进度安排学习，不受传统课堂教学在时间和地点上的限制。同时，在线教育平台也为学习者提供了更多互动和交流的机会，促进了学习者之间的合作学习和知识共享。

在线教育平台也促进了教育机构和教师在教学方法和理念方面的更新。例如，一些高校教师在与 Coursera 的合作中，尝试了翻转课堂、混合式教学等新型教学模式，提高了教学效果和学生的参与度。同时，教师们还可以通过在线教育平台了解学生的学习情况和需求，及时调整教学内容和方法，进而提高教学质量。

第 13 章　结论与建议

　　本章对全书的主要发现和核心观点进行了总结，强调了云计算与大数据技术的创新突破、应用前景以及对社会的深远影响。在此基础上，提出了一系列策略性建议，包括加大研发投入、推动开源生态建设、开发混合云和多云解决方案、强化边缘计算与无服务器架构、建立联合实验室、开展人才联合培养、推动技术成果转化、定制化解决方案、加强数据安全与隐私保护、推广数字化转型、制定技术标准和规范以及出台扶持政策等。最后，对提升市场竞争力的路径与方法进行了展望，并对未来研究方向提出了期待。

13.1 研究总结与贡献

13.1.1 本书研究的主要发现与观点

1. 云计算的技术创新与应用

云计算技术已经成为现代信息技术的核心，广泛应用于各行各业。其技术创新主要集中在混合云和多云策略、云原生应用开发、边缘计算以及无服务器计算等方面。其中，混合云和多云策略是当前云计算发展的重要方向之一。混合云结合了公有云和私有云的优势，使企业可以根据自身业务需求灵活地在不同的云环境中分配资源。这一策略既能让企业享受公有云的弹性和成本效益，又能确保对敏感数据的高度可控性和安全性。

多云策略要求企业同时采用多个不同的云服务提供商，以避免对单一供应商的过度依赖，并能够根据不同云服务的优势优化应用部署。例如，一些企业会将关键业务部署在私有云上，以保障数据的安全性和可控性，并将一些非关键但流量较大的应用部署在公有云上，从而实现数据的高效利用。

云原生应用开发代表了一种新的软件开发和部署模式。它强调利用云计算的特性，如弹性和分布式架构，来构建应用。云原生应用通常采用微服务架构，将应用拆分成多个独立的服务模块，这些模块可以独立部署、扩展和管理，极大地提高了应用的灵活性和可维护性。同时，云原生应用还广泛使用容器技术，如Docker，以实现应用的快速部署和迁移。在电商、金融等行业，云原生应用开发正逐渐成为主流。

边缘计算将计算能力推向更靠近数据源和用户的边缘设备。随着物联网的广泛应用，大量数据在边缘产生，通过边缘计算可以在本地进行实时处理和分析，减少数据传输延迟，提高响应速度。例如，在智能交通系统中，边缘计算可以在路口的设备上实时处理车辆和行人的数据，从而快速做出交通控制决策。

无服务器计算进一步简化了应用的开发和部署。开发者无需关心服务器等基础设施的管理，只需专注于编写代码实现业务逻辑。云服务提供商会自动根据应用的需求自动分配计算资源，实现弹性扩展和按需计费。这种模式特别适合一些短时间运行、流量突发较大的应用场景，如数据分析任务、临时批处理作业等。

云计算在企业运营、教育、医疗、公共服务等领域的应用极大地提升了效率和灵活性，降低了 IT 成本，促进了业务创新。

2. 大数据技术的创新与突破

大数据技术的创新主要体现在数据存储与处理技术、实时数据分析、人工智能与机器学习的融合、数据隐私保护和安全性研究等方面。

在数据存储与处理技术方面，大数据技术不断取得突破。随着数据量的急剧增长，高效的存储架构和处理方式变得至关重要。新的存储技术，如分布式文件系统、列式数据库等，被广泛应用，能够实现海量数据的快速存储和高效检索。例如，Hadoop 的分布式文件系统 HDFS 可以将数据分布存储在多个节点上，提高了数据存储的可靠性和可扩展性。同时，数据处理框架如 Spark 等能够快速处理大规模数据，通过内存计算等技术大大提高了处理效率。

实时数据分析是大数据技术的重要发展方向之一。在许多场景中，如金融交易监控、实时物流跟踪等，需要对数据进行实时分析和处理，以便及时做出决策。实时数据分析技术通过流处理等方式，能够在数据产生的同时进行分析，快速获取有价值的信息。例如，Kafka 等流处理框架可以实时接收和处理数据流，实现对实时事件的快速响应。

AI 与 ML 的融合为大数据技术注入了新的活力。通过将大数据作为训练数据，AI 和 ML 算法能够挖掘出隐藏在数据中的模式和规律，从而实现更智能的分析和预测。例如，利用大数据训练深度学习模型，可以实现图像识别、语音识别等复杂任务。同时，机器学习模型也可以用于数据的自动分类、聚类等，帮助更好地管理和理解大数据。

数据隐私保护及其安全性成为至关重要的研究领域。随着数据价值的凸显，数据泄露和安全威胁也日益严峻。大数据技术应用需要在确保数据安全的前提下进行。这包括数据加密、访问控制、隐私保护算法等方面的研究和应用。例如，

采用加密技术对敏感数据进行加密存储，只有授权人员能够解密和访问。同时，在数据共享和使用过程中，需要通过隐私保护算法来确保个人隐私不被泄露，从而为用户提供安全、可靠的使用环境。

大数据在商业智能、个性化推荐、预测分析、公共健康监测等领域的应用，显著提高了决策的科学性和有效性。

3. 新一代信息技术对社会的影响

云计算、大数据、AI 和 IoT 等新一代信息技术正在深刻改变社会结构、工作方式和生活方式。它们推动了经济增长、公共服务的改善和人们生活质量的提升。

在社会结构方面，云计算为中小微企业的发展注入了新的动力，使它们能够与大型企业在同等的技术平台上竞争。在工作方式上，员工可以通过云端随时随地访问工作所需的数据和应用，实现更加灵活的办公模式。在生活方式上，云计算为各种智能应用提供了强大的后台支持，如智能家居系统等，使人们的生活更加便捷和智能化。

大数据的出现彻底改变了我们对信息的认知和运用模式。通过对海量数据的收集、分析和挖掘，我们能够发现以往难以察觉的潜在规律和趋势。在经济增长方面，企业可以利用大数据进行精准营销、优化生产流程、创新商业模式，从而提高竞争力和经济效益。在公共服务领域，政府则通过分析大数据来优化资源配置、提升公共服务质量。例如，更好地规划交通流量、改善医疗服务等。在生活质量方面，大数据能够为个人提供个性化的服务和建议，如根据个人喜好精准推荐商品和内容。

AI 展现出了强大的智能处理能力。它可以模拟人类的思维和决策过程，在许多领域实现自动化和智能化。在工业生产中，AI 驱动的机器人和自动化系统大幅提高了生产效率和产品质量。在金融领域，智能投顾等应用为用户提供更精准的投资建议。在日常生活中，智能语音助手、智能翻译等应用让人们的沟通和信息获取更加便捷。AI 还推动了工作方式的变革，一些重复性、规律性的工作逐渐被 AI 取代，同时也催生了新的职业和技能需求。

IoT 将各种设备和物品连接到网络中，实现了真正的万物互联。这使得物理世界和数字世界紧密结合，创造了无数新的应用场景。在经济领域，IoT 促进了产业的智能化升级，如智能制造、智能农业等。在公共服务方面，IoT 可以用于环境监测、公共安全等方面，提升公共服务的响应速度和精准度。在生活方式方面，智能家居、智能穿戴设备等物联网产品让人们的生活更加舒适和便利。

在教育、医疗、公共治理等领域，这些技术带来了更高效、更精准的服务。同时，也提出了新的挑战，如失业、数字鸿沟和道德伦理问题。

4. 教育领域的技术创新与人才培养

云计算和大数据技术在教育领域的应用，极大地推动了个性化学习、教育质量评估和实时数据分析的发展。教育机构需要及时调整课程和培训计划，以满足未来技术变革的需求。

在教育领域中，云计算技术提供了强大而灵活的基础设施支持。通过云计算，教育机构可以轻松地存储和管理海量的教育资源，包括课程资料、教学视频、学生作业等。这些资源可以随时被学生和教师访问，打破了时间和空间的限制。例如，学生可以在任何有网络的地方登录云平台，自主学习感兴趣的课程内容。同时，云计算还能为在线教育平台提供稳定可靠的运行环境，确保大规模学生同时在线学习时的流畅性和稳定性，进一步提升了教育资源的利用效率和教学效果。

大数据技术则在个性化学习方面发挥着关键作用。通过收集和分析学生的学习行为、学习进度、知识掌握程度等数据，教育者能够深入了解每个学生的特点和个性化需求。系统可以根据这些分析结果为学生量身定制学习计划，并推荐适合的学习内容，真正实现因材施教。比如，根据学生在练习题中的错误情况，有针对性地推送相关知识点的讲解和更多的练习题，帮助学生更好地理解和掌握薄弱环节。对于教育质量评估，大数据提供了客观、全面的数据支持。它可以对学生的整体学习表现、教师的教学效果、课程的受欢迎程度等进行多维度的评估。通过对大量数据的挖掘和分析，可以发现潜在的问题和趋势，为教育机构优化教学管理、改进教学方法提供依据。例如，通过分析学生的成绩数据，可以评估不同教学方法的有效性，以便及时调整教学策略，保证教学质量和效果。

实时数据分析更是让教育者能够及时了解学生的学习状态和反馈。在课堂上，

教师可以通过实时数据分析工具了解学生对知识点的理解程度，从而及时调整教学节奏和方法。此外，实时数据分析还能用于监测学生的心理健康、学习压力等方面，以便及时提供支持和帮助。

面对云计算和大数据技术带来的变革，教育机构必须适时调整课程和培训计划以适应这一趋势。在课程设置方面，需要增加与云计算、大数据相关的课程，旨在培养学生掌握相关技术和应用能力。例如，开设数据科学、云计算应用等课程。

在教师培训方面，要加强对教师的技术培训，使他们能够熟练运用这些技术进行教学和评估。同时，教育机构还需要密切关注技术的发展动态，不断更新和完善课程和培训计划，以确保培养出来的学生能够适应未来社会对技术人才的需求，为社会的发展贡献力量。

通过实践教学、跨学科教育和终身学习理念的推广，培养适应未来技术需求的人才，推动教育改革和创新。

5. 产业对人才需求的变化

随着技术的发展，产业对数据分析、云计算架构设计、网络安全、机器学习等关键技能的需求不断增加。未来的人才市场将更加注重跨学科综合能力和技术创新能力。

数据分析能够帮助企业洞察市场趋势、了解客户需求、评估风险等。无论是在商业领域、科研领域还是其他各个行业，对数据分析技能的需求都呈现出持续上升的趋势。专业的数据分析人员能够运用各种统计分析方法和工具，对复杂的数据进行整理、分析和解读，为企业发展提供有力的支持。

云计算架构设计已成为产业发展的关键需求之一。随着云计算技术的广泛应用，企业需要构建高效、可靠、可扩展的云计算架构，以满足自身的业务需求。这包括设计合理的云基础设施、规划资源分配、确保系统的高可用性和安全性等。云计算架构设计师需要具备深厚的技术功底和丰富的实践经验，能够结合企业的具体情况和业务目标，为企业量身打造最适合的云计算解决方案，推动企业实现数字化转型和创新发展。

网络安全在数字化时代显得尤为重要。随着信息技术的普及，网络攻击和数据泄露等安全问题层出不穷，给企业和个人带来了巨大的风险和损失。因此，对网络安全专业人才的需求急剧增加。这些专业人才需要掌握网络安全技术，如防火墙配置、入侵检测与防御、加密技术等，能够有效地防范和应对各种网络安全威胁，保护企业的信息资产安全和业务平稳运营。

ML 作为 AI 的核心技术，已经在各个领域得到了广泛应用。它能够让计算机自主学习和优化，从而实现更智能的决策和行为。在金融、医疗、交通等多个领域，ML 被用于风险评估、疾病诊断、智能交通管理等方面。因此，需要具备机器学习技能的人才来设计和开发先进的机器学习算法和模型，以推动技术创新和应用拓展。

面对这些技术领域的快速发展，未来的人才市场必然会更加注重跨学科的综合能力。这是因为这些关键技能往往相互关联、相互促进，单一的技能已无法应对复杂的业务需求。例如，一个优秀的数据分析人员可能需要了解云计算架构，以便更好地处理和存储数据；网络安全专家也需要具备一定的 ML 知识，以应对新型的网络攻击手段。同时，跨学科的人才能够在不同领域之间架起桥梁，促进技术融合和创新。

技术创新能力也将成为人才市场的核心竞争力。在快速变化的技术环境下，只有具备创新能力的人才能够不断推动技术进步，开拓新的应用领域和商业模式。他们能够敏锐地捕捉技术发展的趋势和机遇，敢于尝试新的思路和方法，为企业和社会创造新的价值。

个人需要通过终身学习和专业认证来保持竞争力，教育机构应提供灵活的学习途径和实践机会，企业须加强内外部培训，促进人才的持续发展。

13.1.2 研究的学术价值与实践意义

13.1.2.1 学术价值

"知识的边界即是未知的开始。"在云计算与大数据的浩瀚天地中，我们徜徉于数据的海洋，探寻技术的边界。《云计算与大数据应用研究》不仅是对现有知识的总结，更是对未来科技发展的憧憬。正如哲人所言，我们在探索中发现，在发现中创新。

1. 技术创新的理论框架。本书构建了一套系统的技术创新理论框架，细致入微地剖析了云计算与大数据的核心技术及其演变路径。此框架不仅为学术研究提供了坚实的理论基础，还为未来的技术创新指明了发展方向。

2. 多学科交叉研究。科学的发展常常在交叉点上绽放出绚丽的火花。我们通过将技术研究与社会科学、管理学、教育学等多学科融合，揭示了技术对社会结构、经济发展和人类生活的深远影响。这样的交叉研究，不仅丰富了学术领域的内容，也开辟了全新的研究范式。

3. 实践案例分析。本书的研究不仅局限于理论层面的探讨，更需要深入实际应用的土壤。通过大量实践案例的剖析，本书为学术研究提供了宝贵的实证材料。这些案例如同一面面镜子，映射出技术在现实世界中的应用效果和挑战，推动了理论与实践的有机结合。

13.1.2.2　实践意义

在技术的巨轮推动下，社会正经历着前所未有的变革。《云计算与大数据应用研究》不仅是一本学术著作，更是一份实践指南。

1. 技术应用指导。本书为各行各业提供了详尽的技术应用指南，从技术选型、架构设计到实际部署，层层剖析，步步指引。这些指南如同一幅幅路线图，指引企业和机构在技术的丛林中找到最优路径，实现业务的转型与创新。

2. 企业创新驱动。在技术变革的浪潮中，唯有创新者能立于不败之地。本书通过分析成功案例和创新模式，为企业提供了系统的创新策略。这些策略帮助企业在激烈的市场竞争中找到独特的突破口，为企业注入源源不断的创新动力。

3. 人才培养策略。技术的未来依赖于人才的培养。我们深入分析了产业对关键技能的需求，并提出了系统的人才培养策略。这些策略如同一座座桥梁，连接着教育与产业，帮助教育机构和企业共同培养出适应未来技术需求的高素质人才。

4. 政策制定参考。技术的发展需要政策的护航。通过对技术发展及其社会影响的深入分析，本书提出了诸多政策建议。

5. 社会问题解决。技术进步也带来了新的社会问题。本书不仅揭示了这些问题的本质，还提出了切实可行的解决方案。

云计算与大数据技术正以前所未有的速度改变着世界，而我们作为这一变革的记录者和参与者，将继续在探索的道路上前行。

《云计算与大数据应用研究》不仅是我们对过去研究的总结，更是我们对未来技术的期许。愿这本书能为学术界和工业界提供智慧的启迪和实践的指南，让我们共同迎接一个充满希望和无限可能的未来。正如一句古语所言："学无止境，行者无疆"，愿我们的研究能为后人铺就一条通往知识和实践的康庄大道。

13.2 策略建议与展望

13.2.1 技术发展与应用的策略性建议

1. 加大研发投入

建议：在当今科技飞速发展的时代，企业和政府应当坚定不移地持续增加在云计算和大数据技术研发方面的投入。设立专项基金，用于全力支持前沿技术的深度探索，为技术创新与突破提供坚实的资金保障。

实施路径：积极与高校和科研机构展开深度合作，充分发挥各自的优势。共同申报和承担具有重大影响力的国家级和国际级科研项目，汇聚各方智慧和资源，推动云计算和大数据技术在理论和实践层面取得突破性进展。

2. 推动开源生态建设

建议：在当今开放共享的技术潮流中，积极主动地参与和大力支持开源项目至关重要。企业应慷慨地贡献代码和丰富的资源，全力推动开源社区的蓬勃发展，形成一个充满活力和创新的技术交流与合作平台。

实施路径：企业内部有必要设立专门的开源办公室，制定明确的开源策略和规范。通过建立激励机制，鼓励员工积极参与开源项目，提升员工在开源领域的

技术能力和贡献度。同时，企业应积极组织和赞助开源大会和黑客松等活动，为开源开发者和爱好者提供交流和展示的机会，促进技术的创新和传播。

例如，可以举办线上线下结合的开源技术研讨会，邀请国内外知名的开源专家分享经验和见解；或者设立开源项目竞赛，激发开发者的创新热情，挖掘有潜力的开源项目和人才。通过这些举措，不仅能够提升企业在开源领域的影响力，还能够吸引更多优秀的开发者加入企业的开源项目，共同推动技术的进步。

3. 开发混合云和多云解决方案

建议：随着企业数字化转型的加速，开发支持多云和混合云架构的解决方案已成为当务之急。这样的解决方案能够灵活适应企业在不同业务场景下的多样化需求，为企业提供更具弹性和灵活性的云计算服务。

实施路径：与各大主要云服务提供商建立紧密的合作关系，共同开发跨平台兼容的工具和服务。通过制定统一的标准和接口，实现数据和应用在不同云环境间的无缝迁移和集成。

例如，针对不同云平台的特点，开发定制化的迁移工具，确保数据在迁移过程中的完整性和安全性；或者构建统一的管理控制台，方便企业对多云和混合云环境进行集中管理和监控。此外，加强与行业标准组织的合作，推动多云和混合云架构的标准化进程，促进整个云计算行业的健康发展。通过这些努力，可以为企业提供更加便捷、高效和可靠的云计算服务，助力企业在数字化时代实现业务的快速发展和创新。

4. 强化边缘计算与无服务器架构

建议：在对实时性要求日益严苛的应用场景不断涌现的背景下，加强边缘计算和无服务器架构的研究与开发已迫在眉睫。通过不断优化和创新，使其能够更好地应对工业物联网、智能制造和智慧城市等领域对低延迟和高并发处理的需求。

实施路径：选择具有代表性的工业物联网、智能制造和智慧城市等领域进行试点应用。在实际场景中深入探索边缘计算和无服务器架构的应用模式和效果，积累宝贵的实践经验。

例如，在智能工厂中，通过边缘计算实现设备的实时监测和控制，提高生产效率和质量；在智慧城市的交通管理中，利用无服务器架构快速处理海量的交通

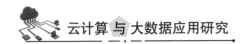

数据，实现智能交通调度。同时，积极推广成功案例，让更多的企业和机构了解并采用这些先进的技术架构，共同推动行业的发展和进步。

5. 建立联合实验室

建议：企业、高校和科研机构应齐心协力，共同建立联合实验室，集中各方优势，全力攻克关键技术难题。

实施路径：郑重签署长期稳定的合作协议，共同精心设立具有前瞻性和实用性的研究课题，定期组织内容丰富、形式多样的研讨会和技术交流会。例如，每月举办一次技术交流座谈会，邀请各方专家分享最新的研究成果和实践经验；或者每季度开展一次专题研讨会，针对特定技术难题进行深入探讨和联合攻关。

6. 开展人才联合培养

建议：通过紧密的校企合作，大力培养具备跨学科知识和实践能力的复合型人才，推动产教深度融合。

实施路径：开设特色鲜明的联合培养班，为学生提供丰富的企业实习和实践机会。设立具有吸引力的奖学金和专项资助项目，积极鼓励优秀学生投身相关研究领域。例如，与知名企业合作开设"云计算与大数据实践班"，安排学生到企业进行为期半年的实习；或者设立"云计算创新奖学金"，激励学生开展创新性研究项目。

7. 推动技术成果转化

建议：构建系统完善、高效便捷的技术成果转化机制，全力加快科研成果向市场化应用的转化速度。

实施路径：设立专业的科技孵化器和加速器，为技术成果转化提供从研发到市场的全程支持。定期举办成果展示和对接会，积极吸引投资和合作。例如，每半年举办一次大型科技成果展示会，展示最新的科研成果和应用案例；或每月组织一次小型对接会，促进科研团队与企业之间的合作交流。

8. 定制化解决方案

建议：依据不同行业的独特需求，精心开发定制化的云计算和大数据解决方案，显著提升行业应用的深度和广度。

实施路径：成立专门的行业专项研究小组开展行业调研，结合实际需求精心开发产品和服务，并大力进行案例推广。例如，针对金融行业的风险防控需求，开发定制化的大数据分析解决方案；或针对医疗行业的信息化需求，提供专属的云计算服务平台。

9. 加强数据安全与隐私保护

建议：高度重视数据安全和隐私保护，建立健全科学合理、严密有效的数据治理体系和安全管理机制。

实施路径：制定并严格执行全面的数据保护政策，积极采用先进的加密和匿名化技术，定期开展深入细致的安全审计和全面的风险评估。例如，每年进行两次全面的安全审计，以及时发现和解决潜在的安全隐患；每季度进行一次风险评估，动态调整安全策略和措施。

10. 推广数字化转型

建议：大力推动传统企业的数字化转型，有效提升企业的运营效率和市场竞争力。

实施路径：提供专业的数字化转型咨询和实施服务，举办数字化转型培训和论坛，广泛分享成功案例和最佳实践。例如，定期举办"数字化转型高峰论坛"，邀请行业专家和成功企业分享经验；开展"数字化转型特训营"，为企业培养数字化转型的专业人才。

11. 制定技术标准和规范

建议：积极推动云计算和大数据技术标准的制定和实施，全力促进技术的规范化和标准化发展。

实施路径：积极参与国际和国家标准化组织的工作，制定技术标准和行业规范，及时发布具有指导意义的技术白皮书和指南。例如，参与国际云计算标准制定会议，提出具有中国特色的技术方案和标准建议；或者发布《大数据技术应用规范指南》，为行业发展提供明确的指导。

12. 出台扶持政策

建议：政府应适时出台鼓励云计算和大数据技术发展的扶持政策，为技术发

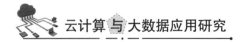

展提供强有力的政策支持和资金补助。

实施路径：设立专项扶持基金，提供切实可行的税收优惠和补贴政策，积极鼓励企业加大技术研发和应用投入。例如，为符合条件的企业提供研发经费补贴；或者对采用云计算和大数据技术的企业给予税收减免。

13. 加强国际合作

建议：进一步加强国际科技合作，积极主动参与全球云计算和大数据技术的研究和应用。

实施路径：签署具有实质意义的国际合作协议，积极参与国际科研项目和技术联盟，精心组织国际学术交流和合作研讨会。例如，与国际知名科研机构签署合作备忘录，共同开展前沿技术研究；或者定期举办"国际云计算与大数据学术研讨会"，促进国际间的技术交流与合作。

13.2.2 市场竞争力提升的路径与方法

关于如何通过云计算与大数据提升企业的市场竞争力，我们不仅在探讨一种技术性的转变，更在探索一种战略性的变革，以及对商业发展本质的重新审视。

云计算与大数据不仅是工具，而是一种能够深刻改变企业运营方式与市场竞争格局的战略。它们为企业提供了获取、存储和分析海量数据的能力，从而为企业决策提供更为精准的指导。然而，技术本身并非终极目标，而是为了实现更广阔的商业愿景。

在品牌建设方面，云计算与大数据为企业提供了更精准的市场洞察能力。通过分析海量数据，企业可以更好地了解消费者的需求、偏好和行为习惯，从而更加准确地进行品牌定位和产品设计。同时，云计算的弹性和灵活性也为品牌建设提供了更稳定和高效的技术支持，使企业能够更加灵活地应对市场变化，快速推出符合市场需求的产品和服务。

在国际化发展方面，云计算与大数据为企业提供了跨越地域限制的能力。通过云计算，企业可以将业务扩展到全球范围内，无论是在数据存储、应用部署还是用户服务方面，都能实现全球化。同时，大数据分析也可以帮助企业更好地了

解不同国家和地区的市场特点和消费者行为，从而更加精准地制定国际化战略，提升在全球市场的竞争力。

然而，要实现云计算与大数据带来的市场竞争力提升，并非仅仅依靠技术的力量就能完成。关键在于企业如何将技术与战略相结合，通过创新和变革实现业务的持续发展。

企业需要在技术投入和战略规划上取得平衡，不仅要注重技术的引入和应用，更要注重对组织结构和业务流程的调整与优化，以适应新的市场环境和竞争格局。

因此，要想通过云计算与大数据提升企业的市场竞争力，关键在于企业要具备敏锐的市场洞察力和战略眼光，善于抓住技术变革带来的商机，不断创新和变革，实现商业的持续发展。

13.2.3 对未来研究方向的展望与期待

对于云计算与大数据技术未来的研究方向，我们需要以一种宏观的眼光来审视，深入探索其未来的演进路径以及可能带来的深远影响。

首先，随着 AI 和 ML 等新兴技术的不断发展，云计算与大数据技术将更加紧密地融合在一起，形成更为智能化、自动化的数据处理和分析系统。未来，我们将看到更智能的云平台和大数据分析工具的出现，这些工具将能够实现更复杂、精准的数据分析和预测，为企业决策提供更可靠的支持。

其次，随着边缘计算和物联网（IoT）技术的快速发展，云计算与大数据技术将向边缘延伸，构建出一种分布式的数据处理和存储体系。未来，我们将看到更强大和灵活的边缘计算平台的出现。这些平台将能够实现更实时、高效的数据处理和分析，为 IoT 应用和智能化系统提供更强大的支持。

再次，随着区块链技术的不断发展，云计算与大数据技术将与区块链技术相结合，形成更安全、透明的数据存储和交易系统。未来，我们将看到更安全和可信的区块链云平台，这些平台将能够实现更安全、高效的数据交易和共享，为企业和个人用户提供更可靠的数据保护和隐私保障。

最后，随着社会经济的不断发展和产业结构的不断变革，云计算与大数据技术将成为推动产业变革和创新的重要引擎。未来，我们将看到云计算与大数据技术在各个行业和领域更加广泛和深入的应用。从制造业到金融业,从医疗保健到教育科研,各个领域都将得到深刻的改变和提升。同时,云计算与大数据技术也将推动产业链的重构和优化,促进产业升级和转型,助力经济的可持续发展和社会的共同繁荣。

总之,云计算与大数据技术的未来发展将呈现出更加智能化、分布式、安全和创新等显著特点,成为推动社会进步和产业发展的重要力量。我们期待在这个充满活力和创造力的未来,共同见证云计算与大数据技术带来的巨大变革和发展。

参考文献

［1］孙宇熙.云计算与大数据［M］.北京：人民邮电出版社，2017.

［2］陈赤榕，叶新江，李彦涛，等.云计算和大数据服务——技术架构、运营管理与智能实践［M］.北京：清华大学出版社，2022.

［3］谢朝阳.大数据：规划、实施、运维［M］.北京：电子工业出版社，2018.

［4］俞东进.区域云计算和大数据产业发展：浙江样板［M］.杭州：浙江大学出版社，2018.

［5］韩义波.云计算和大数据的应用［M］.成都：四川大学出版社，2019.

［6］谢斌，宋晓波.基于云计算的电力大数据分析技术与应用［J］.数字通信世界，2018，（9）：207.

［7］唐成冲.基于云计算技术的公共服务大数据平台架构设计与实现［J］.工程技术研究，2023，5（17）：93-95.

［8］刁宏伟，黄帅，郭兴军，等.基于云计算技术的5G移动通信网络优化路径试析［J］.中国新通信，2021，23（3）：1-2.

［9］徐乃凡.基于5G的移动云服务机制与计算迁移研究［D］.北京：中国电子科技集团公司电子科学研究院，2019.

［10］金涛，黄蓉，邱金水，等.试析大数据云计算下网络安全技术实现的路径［J］.电子元器件与信息技术，2023（2）：183-186，190.

［11］解晓丽.大数据环境下计算机网络安全技术的优化策略［J］.办公自动化，2022，27（21）：25-27.

［12］周恩龙，邵磊.基于云计算环境中的网络安全技术优化［J］.软件，2021，42（12）：177-180.

［13］周远新.大数据、云计算技术在智慧城市中的应用分析［J］.数码世界，2019，（4）：151.

［14］刘童，何沛熹.云计算和大数据时代下医院信息化的转变分析［J］.医药界，2019（21）：175.

［15］胡东兰，夏杰长.数据作为核心要素的理论逻辑和政策框架［J］.西安交通大学学报（社会科学版），2023，43（2）：107-118.

［16］王传智.数据要素及其生产的政治经济学分析［J］.当代经济研究，2022（11）：26-33.

［17］龙卫球.《中华人民共和国数据安全法》释义［M］.北京：中国法制出版社，2021：7.

［18］于莽.规·据——大数据合规运用之道［M］.北京：知识产权出版社，2019:6-11.

［19］杨立新，陈小江.衍生数据是数据专有权的客体［N］.中国社会科学报，2016-07-13.

［20］马海群，张涛.从《数据安全法（草案）》解读我国数据安全保护体系建设［J］.数字图书馆论坛，2020（10）：44-51.

［21］陈煜波，马晔风.数字化转型：数字人才与中国数字经济发展［M］.北京：中国社会科学出版社，2020.

［22］王硕，周敬巍，卢聪颖，等.基于大数据环境下的人才培养模式分析系统设计［J］.现代电子技术，2022，45（4）：68-72.

［23］徐涛.基于大数据分析的人才培养模式设计［J］.现代电子技术，2020，43（20）：122-125.

［24］于浩洋，张鹏，杜娟."互联网＋"背景下企业需求与应用型人才的培养［J］.中国市场，2021（3）：175-176.

后　记

在本书《云计算与大数据应用研究》的探索之旅即将结束之际，我想向您表达最诚挚的谢意。通过这一系列的篇章，我们共同经历了云计算与大数据技术的演进、应用，以及它们对社会的深远影响。我们见证了这些技术如何塑造现代商业、改善公共服务、推动科技创新，并对社会治理和个人生活产生革命性的影响。

随着我们步入数字化转型的新纪元，云计算与大数据技术已成为推动这一进程的核心驱动力。它们不仅为企业提供了强大的数据处理能力和灵活的业务模式，还为解决复杂的社会问题提供了新的视角和工具。在此过程中，我们不断强调技术创新与合规性、安全性和伦理道德的重要性。

本书旨在为读者提供一个全面而深入的视角，帮助读者理解云计算与大数据的融合如何促进产业升级、增强市场竞争力，并对社会产生积极的影响。本书探讨了这些技术在不同行业中的应用，以及它们如何推动教育和研究的新趋势。同时，也提醒读者关注技术进步带来的潜在挑战，包括数据安全、隐私保护和伦理问题。

我衷心希望本书能够激发读者对云计算与大数据技术的深入思考，并在各自的领域中探索创新的解决方案。无论您是企业决策者、技术专家、学者还是政策制定者，我都期待您能将本书的知识转化为实际行动，共同推动社会的进步与发展。

展望未来，云计算与大数据技术无疑将继续发展，带来新的商业模式和治理模式。我鼓励读者保持好奇心和学习态度，不断适应技术发展的步伐，积极面对可能出现的挑战。

最后，我要感谢所有为本书做出贡献的同事、研究人员和行业专家。没有他们的专业知识和经验分享，本书的完成将无从谈起。同时，我也要向支持和启发我的家人、朋友和学生表示最深的谢意。

愿我们共同迎接一个由云计算与大数据技术塑造的、充满无限可能的未来。